SUPERサイエンス

改訂新版

爆発の仕組みを化学する

名古屋工業大学名誉教授
齋藤勝裕
Saito Katsuhiro

C&R研究所

■本書について

- 本書は、2024年3月時点の情報をもとに執筆しています。
- 本書に記載してある内容は、爆発現象が応用されている現代テクノロジーを知り、また爆発のメカニズムを知ることで事故を未然に防いだり、人類が遭遇あるいは発明してきた爆発の歴史や化学を知ることを目的としています。テロや違法行為を助長する意図はありません。また具体的な製造法に触れたり、違法行為の方法は一切記述してありません。

■「目にやさしい大活字版」について

- 本書は、視力の弱い方や高齢で通常の小さな文字では読みにくい方にも読書を楽しんでいただけるよう、内容はそのままで文字を大きくした「目にやさしい大活字版」を別途販売しています。

通常版の文字サイズ　あ い う え お　→　**大活字版の文字サイズ**　あ い う え お

お求めは、お近くの書店、もしくはネット書店、弊社通販サイト 本の森.JP（https://book.mynavi.jp/manatee/c-r/）にて、ご注文をお願いします。

●本書の内容に関するお問い合わせについて

この度はC&R研究所の書籍をお買いあげいただきましてありがとうございます。本書の内容に関するお問い合わせは、「書名」「該当するページ番号」「返信先」を必ず明記の上、C&R研究所のホームページ（https://www.c-r.com/）の右上の「お問い合わせ」をクリックし、専用フォームからお送りいただくか、FAXまたは郵送で次の宛先までお送りください。お電話でのお問い合わせや本書の内容とは直接的に関係のない事柄に関するご質問にはお答えできませんので、あらかじめご了承ください。

〒950-3122　新潟市北区西名目所4083-6
株式会社C&R研究所　編集部
FAX 025-258-2801
『改訂新版 SUPERサイエンス 爆発の仕組みを化学する』サポート係

はじめに

本書は２０１６年に発行した『ＳＵＰＥＲサイエンス 爆発の仕組みを化学する』の改訂版です。おかげさまで初版が好評を頂いたこと、爆発に関する類似本が少ないことなどから、前著に加筆改訂を加えました。

爆発を起こすのは爆弾です。ダイナマイトです。一方、宇宙ロケットが飛ぶのも爆発の力です。自動車が走るのも爆発のおかげです。台所で天ぷらを揚げているときに火傷をするのはエビの尻尾が爆発したせいです。２０１４年に御嶽山で起こった火山爆発も、規模は違うものの、天ぷらと同じ水蒸気爆発です。

このように、「爆発」は言葉の響きは凄いですが、私たちの日常生活に密接に関係した現象なのです。本書はこのような爆発現象を化学的に解明したものです。本書を読めば、「爆発」とはどのようなものか、それを防ぐためには、その被害を少なくするためにはどうすれば良いかが自ずと明らかになるものと思います。

本書が、世の中から爆発現象の被害を少なくすることに貢献できたら、嬉しいものと思います。

２０２４年３月　　齋藤勝裕

CONTENTS

CONTENTS

Chapter 2

爆薬の歴史と爆発事故

CONTENTS

Chapter 3

身近で起きる爆発の危険性

Chapter 4

現代社会の爆薬の活用と開発

CONTENTS

CONTENTS

Chapter 7 原子核の爆発

Chapter 8 爆薬によらない爆発

Chapter. 1
さまざまな爆発

SECTION 01

爆発とは？

自然界には多くの爆発現象があります。そもそも、この宇宙そのものが、ビッグバンという大爆発によってできたのです。地球もいたるところで爆発を起こしています。小笠原諸島の西之島では、頻繁に噴火が起こっており、富士山は1707年に「宝永大噴火」といわれる大爆発を起こしています。

身近で起きる爆発現象

私たちの身近なところにも爆発は数多くあります。スマホのモバイルバッテリーが発火し、爆発する事故は頻繁に起きています。数年前には、電車の中でアルミニウム缶が突然爆発した事故がありました。天ぷらを揚げているときにエビの尻尾の爆発で火傷をする可能性もあります。電子レンジで温めた食品が突然爆発した経験がある人も多いでしょう。

また、火事や事故による爆発も後を絶ちません。2020年にレバノンの首都ベイルートで起きた大爆発事故は記憶に新しいところです。世界では常に戦争が起こっており、そこでは銃や爆弾などの爆発が日常のことになっています。中東では頻繁に爆弾テロなどが起こっています。

爆発はとても危険な現象です。しかし、爆発はどこか遠いところで起きる現象ではありません。私たちの身の周りでは起きないと思ってのんびり構えていると、とんでもないことになりかねません。爆発は常に自分の身近で起きる現象だと自覚しましょう。

●爆発現象

爆発の種類

爆発とは、圧力が急激に発生するか、あるいは反対に圧力が急激に解放された結果、熱・光・音などと一緒に破壊が起こる現象のことをいいます。爆発は大きく分けて、次の2種類があります。

①燃焼によらない爆発

原理的に破裂することで、発火や燃焼は起こりません。わかりやすい例が風船の破裂です。自動車などのタイヤがパンクすることも破裂になります。これらは燃焼という現象は起こっていま

●水蒸気爆発

せん。他にもドライアイスをガラス瓶に入れて栓をすると瓶が破裂し、場合によっては大きな事故につながります。燃焼によらない爆発は自然現象としても起こります。2014年に起きた長野県の御嶽山の爆発は水蒸気爆発によるものでした。これは水が急激に加熱されて気化した結果、気体の体積が膨張して起こった爆発です。天ぷらを揚げたときのエビの尻尾の爆発も同じ水蒸気爆発の原理です。なお、原子爆弾や水素爆弾の爆発も燃焼によらない爆発になります。

② 燃焼による爆発

それに対して、トリニトロトルエンやニトログリセリンなどの爆薬による爆発は、原理的に急激な燃焼によって起こる爆発です。爆薬分子を構成する炭素や水素原子が、爆薬自身が持つ酸素原子と結合（酸化・燃焼）することによって爆発のエネルギーが発生するのです。ここには、炭素や水素の化合物（有機物）は、燃焼して水や二酸化炭素になるとエネルギーが低下するという普遍的な原理があります。高エネルギーの有機物が低エネルギーの水や二酸化炭素に変化することにより、両者のエネルギー差が爆発のエネルギーとして放出されるのです。

SECTION 02

爆発する火山

地球をリンゴに例えれば、冷たい大地といわる地殻は皮の部分です。内部の果実体はマントルと呼ばれる温度数千度の溶岩です。溶岩が皮を破って噴出するのが火山の爆発に相当しますが、その他に皮の部分にあるマグマが周囲の水分を加熱して水蒸気とし、それが皮を破って爆発する水蒸気爆発と呼ばれるメカニズムもあります。

いずれにしろ、地球表面は火山爆発の宝庫であり、いつどこで爆発があっても不思議ではありません。

日本の火山

日本は世界有数の火山国です。全国各地に火山があり、そのうちのいくつかは、現在も爆発を繰り返しています。火山学者は、いつ火山が爆発しても不思議ではないといいます。

日本の代表的な火山といえば富士山ですが、そのうち爆発するのではないかと危惧する声があります。富士山が最後に爆発したのは1707年のことで、これは大きな爆発だったので時代の名前をとって「宝永大噴火」といわれています。この噴火は同じ年に起こった大地震である宝永地震の直後に起こっており、地震と火山活動が密接な関係にあることがわかります。

2014年に長野県の御嶽山が爆発したことは記憶に新しいところです。もちろん、火山があるのは日本だけではありません。ハワイやイタリア、ギリシアな

●富士山

どにも火山はあります。そして、歴史に残る大爆発を起こしているのです。

火山の爆発は、大きく2つに分けることができます。1つは地下の融けた高温の鉱物マグマが噴き出すマグマ爆発です。もう1つは地下に溜まった地下水にマグマが近づき、その熱によって水蒸気が突沸して起こる水蒸気爆発です。

御嶽山の爆発は、この水蒸気爆発によるものでした。通常の水蒸気爆発の場合は、火口からマグマが流れ出す溶岩流はなく、噴煙の量も多くないのが一般的ですが、それでもこれだけの被害が発生します。自然の威力はすごいものです。

ポンペイのベスビオ火山

世界史的に有名な火山爆発は、ポンペイの爆発です。ポンペイはイタリアにあった古代都市の名前で、この町の近くに、ベスビオ火山がありますが、これが紀元79年に大爆発を起こしたのです。

噴火は8月24日に発生し、火山灰が降ったので、ポンペイ市民は船で対岸の町に避難しました。しかし、逃げ遅れた人に襲い掛かったのが、翌日に起こった大火砕流でした。火砕流というのは、高温のマグマの細かい破片が気体と混合して、雲のような状態で流れ下る現象です。ポンペイでは、この雲の速度は時速100㎞を超えたものと推測されています。

人々は逃げる間もなく火山灰に埋もれ、永い眠りにつきました。現代になって発掘され、ポンペイの貴重な遺跡とされています。

ピナトゥボ火山

ピナトゥボ火山はフィリピンのルソン島にある火山ですが、これが1991年に大爆発を起こしました。爆発の大き

●ポンペイのベスビオ山

さは20世紀最大の火山爆発といわれるほどでした。爆発によって山の頂上が吹っ飛び、山の高さは269mも低くなりました。吹っ飛んだ跡は、カルデラという大窪地になり、噴出物が降下したところでは、最大200mの厚さに積もったといいます。

この火山の周辺には多くの住民が暮らしていましたが、普段の観測のおかげで火山の異常に早く気付くことができ、避難警報が出されたので多くの住民が助かりま

●ピナトゥボ火山

した。それでも爆発による死者は約３００人に達したといわれており、爆発の規模の大きさがうかがえます。

インドネシアの噴火

インドネシアのスマトラ島にあるムラピ山はスマトラ島で最も活発な火山のひとつですが、２０２３年12月、大規模な噴火が発生し、登山者など23人が死亡しました。地元の観測所によると、今回の噴火は比較的小規模なものだということで、それだけに住民は慣れたもので普段通りの生活を送っているということです。

御嶽山

日本は火山の多い国であり、富士山、浅間山、桜島とその例に事欠きませんが、近年起こった事故に長野県と岐阜県の御嶽山の爆発があります。２０１４年9月27日、長野県と岐阜県にまたがる標高３０６７ｍの御嶽山が突如爆発し登山客が被害に遭い、火口付近に居合わせた登山者ら58名が死亡、５人が行方不明となりました。この事故は日本における戦後最悪の火山災害といわれています。

海底火山

火山の噴火は地上だけで起こるものではありません。海底でも起こります。気象庁は２０２３年11月９日に小笠原諸島と硫黄島の沖合で海底火山の噴火が活発になり、堆積した岩石などで南北に長さ約３００メートルの陸地（新島）が形成されたと発表しました。この新島が恒久的なものならば、日本に新たな領土が発生したことになり、それに伴って領海の所有権が発生し、日本の漁業にとっては嬉しいことなのですが、12月４日以降は噴火活動が次第に弱まっているため、波の浸食によって新島が消える可能性もあるということです。

火山の爆発は決して珍しいことではありません。日本でも年中噴煙を上げている山は、全国各地にたくさんあります。爆発の危険は私たちのすぐ身の周りにあるのです。

SECTION 03

爆発する火災現場

最近の火災では、爆発を伴うケースが多いようです。なぜ、火災現場で爆発が発生するのでしょうか。

爆発物の存在

火災で爆発が起こる最もわかりやすい原因は、火災現場に爆発物があったということです。爆発物といっても、爆薬のことではありません。爆薬は厳重に管理されており、火災現場に放置されているということはまず考えられません。

爆発物は、私たちが日常生活で使うものの中にもあるのです。火災現場にプロパンガスボンベ、あるいは卓上コンロ用のガスボンベなどがあったら爆発するでしょう。

２０１５年に中国の天津の倉庫で火災があり、大爆発が起こりました。跡には直径

100mのクレーター（窪地）ができたといいます。この火災と爆発の原因は、倉庫に保管してあった硝酸アンモニウム（NH_4NO_3）の可能性が高いといわれています。

硝酸アンモニウムは、窒素（N）源の化学肥料として重要な物質ですが、同時に爆発物の原料としても知られています。

金属火災

火災現場で爆発する物質として気を付けなければならないのは金属です。金属は燃えないなどと思ってはいけません。金属は燃えます。鉄だって表面積の大き

●中国天津の爆発事故によるクレーター

いスチールウールにすれば、酸素の中では火花を散らして激しく燃えます。

鉄より激しく燃えるのは、自動車のホイールなどに用いられるマグネシウム（Mg）です。旋盤で出たマグネシウムくずは高温になると燃えて火災になります。119番で消防車が来て、水をかけたら大爆発します。マグネシウムは水と反応して水素ガス（H_2）を発生します。

水素ガスに火がついたら大爆発するので、金属火災の場合は、水で消火することはできないのです。では消防隊は何で消火するのでしょうか？　小さい火事なら、乾いた砂などをかけるのです。しかし、砂で火が消えるわけはありません。消防隊にできることは、金属が燃え尽きるまで、延焼しないように見守るだけなのです。

2012年に岐阜県土岐市で起きたマグネシウム火災が、鎮火まで1週間もかかったのは、このような理由があったからなのです。

●マグネシウムと水の反応

$$\underset{\text{マグネシウム}}{Mg} + \underset{\text{水}}{H_2O} \longrightarrow MgO + \underset{\text{水素}}{H_2}$$

フラッシュオーバーとバックドラフト

爆発物や金属など爆発する危険なものがない火災現場でも爆発は起こります。それがフラッシュオーバーです。

フラッシュオーバーとは、火災の熱で可燃物が熱分解し、引火性のガスが発生して室内に充満した場合、あるいは天井の内装などに使われている可燃性素材が輻射熱などによって一気に発火した場合に生じる現象です。それまで静かに燃えていた火災が一気に爆発的に燃え広がります。

また、バックドラフトといわれる火災現場での爆発もあります。密閉した部屋などの空間で火災が起きた場合、酸素が不足するため完全燃焼にいたらず、不完全燃焼して一酸化炭素（CO）が発生します。この状態で部屋の戸や窓などを開けると一気に酸素（O_2）が供給され、溜まっていた一酸化炭素が爆発的に燃え上がるのです。これは、昔の日本の蔵などの火災で起こったといわれています。

リチウムイオン電池の爆発

リチウムイオン電池は現在最高性能の二次電池であり、スマホやパソコン、航空機までリチウムイオン電池が無ければ用をなさない現状です。ところがリチウムイオン電池には致命的な欠陥があります。それは発火、爆発しやすいということです。

リチウムイオン電池がノートパソコンに搭載された初期、バッグにノートパソコンを入れて発火する事故が相次ぎました。現在も同様にスマホのモバイルバッテリーが発火する事故が頻繁に起きています。また、ボーイング787の初期にもトラブルが発生しましたが、その多くはリチウムイオン電池によるものでした。

リチウムイオン電池にはリチウム金属が針状となって析出し、それが隔膜を突き破る可能性があること、物理的な衝撃に弱いこと、電解液が有機物で可燃性であることなどの弱点があります。これではこれから本格的になる電気自動車の電源としては不十分であるということから、産学あげて電解液を固体にした「全固体電池」の開発に邁進しています。試作品は実用の段階に達していますから、近い将来、安心安全なリチウムイオン電池が登場するでしょう。

SECTION 04

爆発する宇宙

夜空に輝く銀河は大きく美しく、永遠に変わらない神秘のようなものに思えます。しかし、銀河もそれを包み込む宇宙も爆発、それも大爆発の連続なのです。爆発するのは火山や火事だけではありません。宇宙そのものが爆発するのです。

ビッグバン

宇宙が誕生したのは今から138億年前といわれています。このとき、ビッグバンという大爆発が起こったのです。この爆発によって、原子の中で最も小さい水素原子が飛び散りました。この飛び散った水素が存在する範囲が宇宙なのです。ですから宇宙はこの瞬間にも膨張し続けているのです。

太陽の爆発

飛び散った水素原子は霧のように漂いました。やがて濃いところと薄いところが現れ、濃いところには重力が働き、さらに多くの水素原子を引き付けて濃くなりました。すると互いの摩擦熱で温度が上がり、高温高圧の塊となりました。すると、水素原子同士が融合を始めました。これが核融合といわれる現象であり、水素爆弾と同じ原理です。核融合は膨大なエネルギーを発生させます。水素原子の塊は、このエネルギーによって煌々と輝くようになりました。これが恒星なのです。

太陽も恒星の一種です。ですから、太陽は水素爆弾と同じような爆発を連続して行っているのです。そのエネルギーが熱や光として地球に送られ、私たちはそのエネルギーを利用して生きているのです。つまり、爆発によって生きているようなものです。

超新星爆発

恒星の中で核融合が進むと、次々と大きな原子が誕生します。60個ほどの水素原子が核融合して固まると鉄原子になります。ところが、鉄原子はそれ以上、水素原子と核融合して大きくなろうとはしません。すなわち、それ以上核融合しても核融合エネルギーが発生しなくなるのです。

こうなると、エネルギーを失った恒星は重力の影響で縮んでいきます。この縮み方は尋常でありません。原子までが押しつぶされて、その直径は1万分の1以下になります。地球の直径は1・3万kmですから、地球が直径1・3kmの球になってしまうのと同じことです。こうなった星は、エネルギーバランスを崩して大爆発を起こします。これを超新星爆発といいます。人類の歴史にも、夜空に新しい明るい星が誕生したとの記録がありますが、これが超新星爆発なのです。超新星爆発によって星は粉々に飛び散りますが、この爆発のエネルギーによって鉄原子はさらに核融合を行って大きな原子に成長します。このようにして、最大水素原子の300倍くらいのさまざまな原子が誕生したのです。そして、このときの星屑が集まって新たな恒星ができ、同時に惑星が誕生したのです。太陽や地球は、このようにしてできたものと考えられています。すなわち、宇宙も星も太陽も地球もあらゆるものは爆発によって誕生しているのです。爆発は破壊であると同時に創造でもあるのです。

SECTION 05

爆発は戦争の宿命

爆発という言葉から思い出すのは、銃や爆弾に象徴される戦争ではないでしょうか。爆発のわかりやすい側面は何といっても破壊です。敵陣や家屋はもちろん、兵士や生物まで破壊してしまいます。

古代戦争と爆発

戦争に火薬を用いた最古の例はギリシアかもしれません。黒色火薬の初歩的なものを用いて敵の艦船に火をつけたという記録がありますが、爆薬というよりは火炎放射器のようなものだったようです。

中国では、7世紀の文献に火薬のことが書いてあります。矢に円筒をつけ、そこに火薬を入れて発射するという現代のロケットに相当するようなものを使っていたというから驚きます。

日本人が初めて爆薬を用いた戦争に遭遇したのは13世紀の元寇の役(蒙古襲来)だったといわれています。このときの様子を描いた絵画に、黒い鉄球のようなものが爆薬によって破裂する様子が描かれています。名前は「てつはう」といわれていました。

近代戦争と爆発

刀や槍などの刃物による戦争が古代の戦争だとしたら、近代の戦争は銃や大砲を用いたもので、まさしく火薬、爆発物の戦争といえるでしょう。

日本の火縄銃にみられるように、初期の銃は銃身に発射用の火薬と弾丸(鉛の塊)を入れ、火の付いた縄(火縄)を火薬に押し付けて爆発させるという原始

●蒙古襲来

的なものでした。

やがて、発射薬を薬莢に入れて弾丸に装着する方法が開発され、発射も薬莢の底に撃鉄を衝突させるという現代的な方法が開発されました。また、火薬もそれまでの黒色火薬から、トリニトロトルエン（TNT）などのニトロ化合物を用いたものに進化し、爆発力は格段に向上しました。

現代戦争と爆発

今も世界中の多くの地域で戦争が続き、多くの街でテロによる爆発が起きています。

兵器は銃、機関銃、ロケット砲、弾道弾と高速、長距離、大爆発力のものに進化しました。これらの兵器に使われる爆発

●ロケット砲

物は多くの場合、ニトロ化合物を用いたものです。

しかし、現代を象徴する爆発物は、原子核反応を用いた核爆弾ではないでしょうか。核爆弾には原子核の分裂エネルギーを用いた原子爆弾と、核融合エネルギーを用いた水素爆弾があります。広島、長崎に落とされたものは核分裂による原子爆弾でしたが、威力からいうと核融合による水素爆弾のほうが格段に大きいです。

広島、長崎の惨禍から人類は核兵器の恐ろしさを悟りました。このような兵器を二度と使うことがあってはならないと世界中の人々が考えています。しかし、世界には1万個を超える核爆弾が存在しています。

これは使われることのない兵器であり、戦争抑止のための兵器だといわれています。襲ってきた敵国には核兵器で報復するから襲ってくるなという論法です。とにかく、私たちの社会は、このような爆発物を持っているのです。爆発物から目を背けてばかりいるわけにはいかないのです。

SECTION 06

爆発は家庭でも起きる

私たちは、家庭の中は安全だと思いがちですが、安心しているといつ爆発の被害に遭うかわかりません。爆発の原因は家庭の中にもたくさんあるのです。

調理の爆発

天ぷらを揚げたことのある人はご存知でしょうが、天ぷらの鍋から熱い油が飛び出し、火傷をしてしまう事故があります。よくあるのがエビの天ぷらです。

エビの尻尾は3つの部分に分かれており、中央の三角部分は密閉状態です。この尻尾の下処理をせずに、エビを高温の油に入れると密閉部分の水分が加熱されて行き場がなくなり、尻尾を破って爆発的に蒸発します。この勢いで油が飛び散るのです。しし唐やオクラを天ぷらにするときに必ず包丁で切れ目などを入れるのも、このような事故を防ぐためです。

また、鍋などでお湯を沸かすとき、火力が強いと鍋の底から大きな泡が出て、水面で砕けてお湯が飛び出します。これは、突然の沸騰ということから「突沸」といわれます。台所の鍋などで起こるのなら、大したことはありませんが、これが火山で起こると水蒸気爆発という大惨事になるのです。

廃棄の爆発

家庭には、さまざまな化学薬品が存在します。これらは単独では充分な検査を受けた安全なものです。しかし、他の化学物質と混合した場合には、安全性の保障はどこにもありません。

製造メーカーも何と混ぜられるかわからない状態では、安全性のチェックのしようがありません。化学物質の特徴は化学反応をするということです。化学反応によって、まったく別種の化学物質になるだけでなく、その反応の途中で発熱や気体発生、場合によっては爆発につながることがあります。化学物質を廃棄するときには、注意書きにしたがって、気を付けて行わなければなりません。

また、スプレー缶やガスボンベなどを廃棄する場合、缶に穴を開けないで廃棄すると、清掃車の中で爆発を起こす危険性があります。必ず使い切ってから穴を開けて廃棄するようにしましょう。ただし、最近、缶に穴を開けたときに引火して爆発する事故が増えています。穴を開けないで廃棄できる自治体もありますので、自分の住んでいる自治体の処理方法をよく確認してから廃棄するようにしましょう。

①北海道の例

２０１８年12月16日、北海道の木造2階建ての雑居ビルの1階に入居する不動産仲介店でガス爆発、火災が起き、約10分後にビルが炎上しました。消防が出動し、約５時間半後に消火しましたが、約３５７平方メートルが焼け、周辺の建物39棟、車両24台が破損するなど大事故となりました。ビルに働く従業員、飲食店やビル外の飲食店の客、通行人など計51名が骨折や切創などで軽傷を負いました。

警察と消防の調べでは、店内で店長と従業員2名が部屋のドアや窓を閉め切った状態で消臭スプレーを噴霧して処分する作業をしていました。店長が手を洗うために湯沸かし器をつけたところ、スプレーに使用されていたジメチルエーテルに着火した可能性があるといいます。

この店では消臭スプレーを200本以上所有しており、使用期限が近いものを処分するため、約120本を噴霧し処分していた可能性があります。また、爆発の衝撃で店外の20kgのプロパンガスボンベ2本と雑居ビル内の飲食店外の50kgのプロパンガスボンベ5本のうち、一部の配管が外れてプロパンガスが漏洩し、爆発の影響で着火した可能性もあります。

② 東京の例

北海道の事故がまだ記憶に残る2023年1月16日、東京でもスプレー缶のガス抜き作業後にガス爆発、火災が起きる事故が発生しました。7階建てビルの2階の不動産会社事務所でスプレー缶のガス抜き作業後にガス爆発、火災が起き、ビル2階の1室約25平方メートルが焼けた他、付近の共同住宅など5棟で窓ガラスが破損するなどの被害が出ました。警察と消防の調べでは、負傷した従業員2名が、ハンマーで30～50本のスプレー缶のガス抜き作業をした後、ハンマーでライターを粉砕していた際に、室内に滞留していた可燃性ガスに着火した可能性があるといいます。

③シュレッダーの爆発

思わぬものが爆発することもあります。シュレッダーが爆発するとはだれが思うでしょう？　ところが爆発したのです。不要の紙をシュレッダーで処理していた所、目詰まりを起こして紙が送れなくなりました。エアダスターを大量に噴霧したところ、爆発したとのことです。調べたところ、このエアダスターは可燃性の気体を使用しており、それがシュレッダー内部に滞留したところに、摩擦熱などが発火源となって爆発したといいます。

無知の爆発

化学の知識があれば防ぐことができた爆発事故もあります。

２０１２年、２０１８年、２０２３年と東京の地下鉄でアルミ缶が破裂し、大騒ぎになりました。乗客が勤務先の業務用洗剤を自分の家で使う目的で、飲料水用のアルミ缶に入れて持っていたのでした。業務用洗剤は塩基性(アルカリ性)のものでした。アルミニウムは特殊な金属で、酸とも塩基とも反応し、水素ガスを発生します。起きてしまった化学反応を人力で止めるのは、ほとんど不可能です。アルミ缶の中は水素ガスで高圧となり、耐えられなくなったアルミ缶が破裂したのです。

似たような事故が起こるのがドライアイスです。ドライアイスは、二酸化炭素(炭酸ガス)CO_2という気体が固まったものです。融ければ(昇華)気体になります。気体になるときには体積は1000倍近くに膨張します。以前、ラムネの瓶にドライアイスを入れて親子で観察していたところ、ラムネ瓶が破裂し、けがをしたという事故がありました。

また最近、重曹(炭酸水素ナトリウム$NaHCO_3$)を用いた掃除が流行っています。より強力にするために、クエン酸を混ぜるそうですが、重曹に酸を混ぜたら炭酸ガスが発生します。ドライアイスの事故と同様に、密閉容器の中で混ぜると容器が破裂する可能性があります。取り扱いには充分注意が必要です。

Chapter. 2
爆薬の歴史と爆発事故

SECTION 07

古代中国の爆薬

火山や森林火災など自然現象の中で爆発現象は多くありますが、その爆発現象を人間の力で起こすには、長い歴史が必要でした。必要なときに必要な規模の爆発を起こすということは、現在の私たちが考えるほど簡単な技術ではありませんでした。しかし、人類はさまざまな時代や地域で、この技術を手に入れました。その集大成が、現在の爆発の知識であり、技術なのです。

古代中国の爆薬

世界４大文明とは、メソポタミア文明・エジプト文明・インダス文明・黄河文明をいいます。その1つである黄河文明の直系である中国には、４つの偉大な発明があるといいます。それは紙、印刷、羅針盤、そして火薬です。火薬や爆薬は古代中国で発明されたものと考えられています。

古代中国で実際に火薬がどのように使われていたかは不明ですが、7世紀ごろの文献に黒色火薬の製造法が載っています。文献によると、黒色火薬は硝石（硝酸カリウムKNO_3）、硫黄（S）、木炭粉といわれる炭素（C）を混ぜた火薬です。黒色火薬は日本でもなじみのある火薬で、火縄銃の時代から現在でも花火の炸裂火薬、打ち上げ火薬として用いられているものです。

●黒色火薬

火薬の発見と発明

中国で火薬が発見された経緯は意外なもので、それは「不老不死の薬」だといわれています。中国の薬には二大主流があり、植物や動物由来の生薬と岩石由来の仙薬です。仙薬の基本は、今考えると恐ろしい話ですが毒物である水銀（Hg）です。

水銀は銀色の液体で表面張力が大きいので、手の平に乗せると輝いて動き回ります。

まるで生きているようです。これを加熱すると黒い酸化水銀となって動きを止め死んだようになります。ところがこれをさらに加熱すると分解して水銀になり、また輝いて動きます。古代中国の人は、これを「不死鳥の蘇り」であると思い、水銀化合物を不老不死の薬だと信じてしまいました。そして、さまざまな無機化合物の性質、反応性を研究するうちに黒色火薬に行き当たったということです。

火薬の用途

中国で実用化された火薬は、当初は燃焼剤として使われたものと推測できます。というのも、黒色火薬の中心的な素材である硝石（硝酸カリウム）が、酸素供給剤であり、他の物質（燃料）の燃焼を助ける役割をするからです。たとえば国境周辺の守備隊から異変を首都に伝えるための狼煙などに使われたのではないでしょうか。

古代中国で火薬を用いた最初の武器とされる火槍も、旧来の弓矢に単に火を吹く筒をくりつけたものでした。しかし、時代が進むにつれて爆発音を敵のおどしに使用したり、さらに進んで推進剤として矢を飛ばしたりするようになっていきました。

SECTION 08

古代ヨーロッパの爆薬

現代人が考えるヨーロッパは、古代においては文化的な地ではありませんでした。文明はイタリア、ローマ、中東のアラビア文明、あるいはさらに東のインド、中国から伝わったものが主でした。

中国からの伝播

古代ヨーロッパの爆薬は、7世紀ごろに中国で発明された火薬が伝わったとされています。中国は400年にわたって火薬の製法を門外不出としていましたが、あるモンゴル兵士がその秘密をイスラム世界に漏らし、それがきっかけとなってヨーロッパに広がったということです。この後、火薬の技術はアラビア世界を中心に広まり、改良されましたが、その発展に大きく貢献したのは錬金術師といわれる化学技術者集団でした。彼らを現代では、ペテン師、イカサマ師の代名詞のようにいわれますが、決してそうではありません。鉄や鉛のような卑金属を金のような貴金属に変えるという目的は、結果的に間違っていましたが、彼らが錬金術で開発した幾多の化学技術、化学器具は、その後の化学の発展に大きく貢献しました。

火薬使用技術の改革

火薬の歴史に果たしたヨーロッパの貢献は、発見や発明ということよりは火薬の使用方法でしょう。それまでの火薬は爆発物としてではなく、燃焼を助ける助燃剤、あるいは発火剤のような役割でした。つまり、適当な燃料に加えて敵陣に投射し、そこで発火して火事を起こすか、あるいは激しい燃焼によって出た炎を敵に向けて、火炎放射器として使うというようなものでした。

それに対してヨーロッパでは次のような使い方を行っていました。

❶ **火薬を詰めた容器を破裂させ、その際に飛び散った破片で敵に被害を与える。元寇の役の「てつはう」のようなもので、現在の爆弾と同じもの。**

❷ 火薬の爆発に耐える丈夫な素材によって銃身を作り、銃弾を前方に飛ばす。黒色火薬によって鉛の玉を飛ばす火縄銃が典型で、これを単純に大きくしたのが昔の大砲になる。

❸ 一端を封じた容器に持続性の爆発物を入れて爆発させ、容器自体を飛行させる。これはロケットの考えで古代中国の火槍を発展させたものといえる。

爆薬と鉄器

爆薬の一般化はヨーロッパに大きな技術革命をもたらしました。それは鋼鉄の製造と使用ということです。鉄は粘り強く硬い優れた素材ですが、不純物によって大きくその性質が変化します。最も大きく影響するのは炭素の含有量です。

炭素量が多い銑鉄や鋳鉄は硬いですが、同時に脆いです。衝撃を加えると割れてしまいます。一方、炭素量が極端に少ない錬鉄は、粘り強いが軟らかくなります。どちらも銃身として使うには難があります。このことから、適当量の炭素を含み、硬くて柔軟な鋼鉄を求める探求が始まるのです。

SECTION 09

古代日本の爆薬

日本人が最初の火薬に接したのは13世紀の元寇の役だったようですが、このときは被害に遭っただけで、火薬の製造、使用を学ぶことはありませんでした。日本に火薬の技術が入ったのは１５４３年に種子島にポルトガル人がもたらした鉄砲でした。

黒色火薬

このときの火薬は黒色火薬で、これは硫黄（S）、木炭粉（C）と硝石という助燃剤を混ぜたものです。硝石は硝酸カリウム（KNO_3）、あるいは硝酸ナトリウム（$NaNO_3$）のことで、燃料（硫黄と炭素）に酸素を供給して、急速で激しい燃焼（爆発）を起こさせる物質です。

火薬の歴史もない当時、戦国時代の日本で鉄砲が急速に普及したのは、日本に優秀な製鉄技術があったからです。日本刀を作るために考案された日本のタタラ製鉄は、０・５％ほどの炭素を含んだ最上質の鋼鉄を生み出すことができたのです。

硝石の製造

銃身、鉄砲を作ることはできても、火薬がなければ弾丸は飛びません。当時の日本では硝石は産出せず、また合成する技術もないため、主に南蛮貿易によって海外から輸入していました。

日本で銃を使った最初の集団戦争は織田信長と武田勝頼の行った長篠の戦いですが、この戦いの裏には経済戦争も行われていたとされています。

●火縄銃

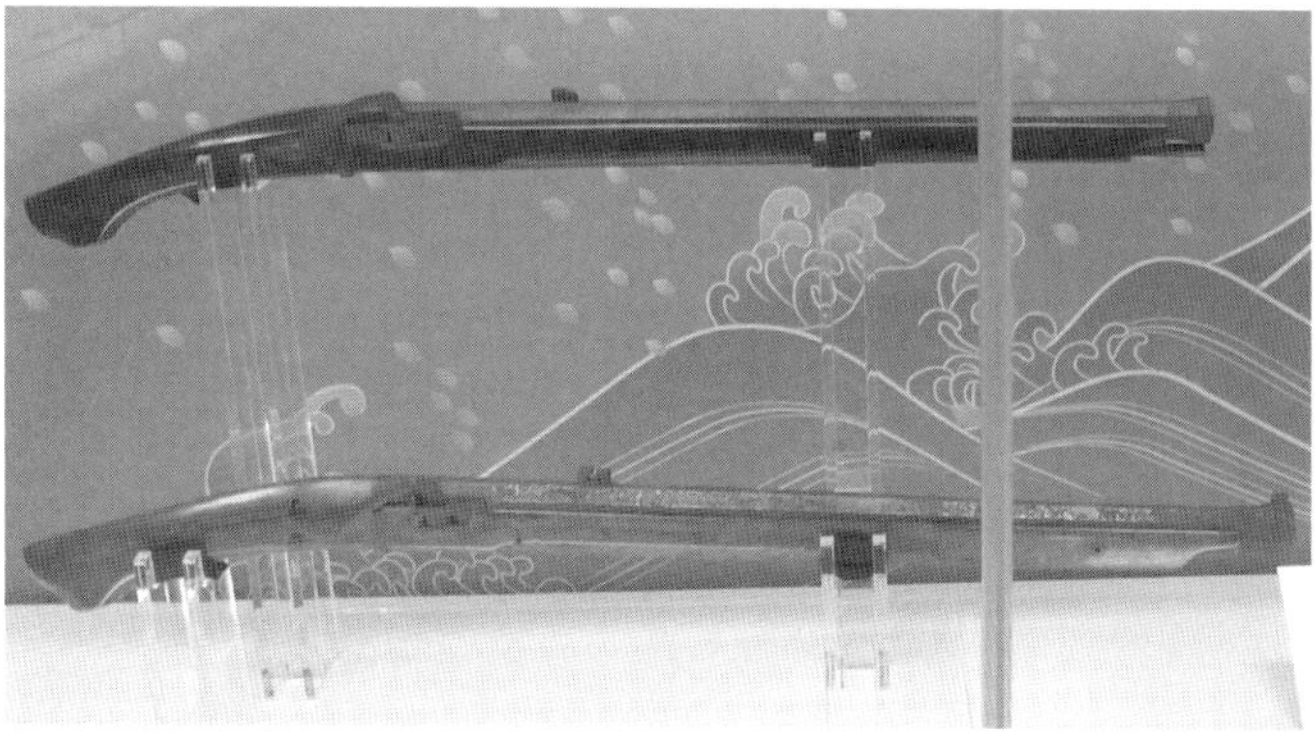

江戸時代になり鎖国が行われると硝石の輸入も途絶え、必要な硝石は自国で合成する以外ありませんでした。そこで行われたのが、日本版の硝石製造法です。

トイレに藁などの植物を積み重ね、その上に尿をかけるのです。数年もかけ続けると硝酸菌が発生して尿の中の尿素$(NH_2)_2CO$、つまり簡単にいえばアンモニアNH_3を硝酸HNO_3に変えます。そして、それが植物中のカリウムKと反応して硝酸カリウムになります。

この藁を取り出して水で洗い、その洗液を大きな窯で煮るのです。考えただけでも息苦しくなるような作業の後、煮詰まった溶液の底に白い硝酸カリウム(不純なため褐色)の結晶が析出するというわけです。

このような汗と涙の結晶のような硝石ですから、貴重で高価なのは当然です。当時、戦争をしようとしたら、このような硝石を大量に用意しなければなりません。大規模で長期的な戦争を行うことは物理的、生理的にも無理だったのです。

花火と爆薬

300年続いた江戸時代は、大きな戦争のない平和な時代でしたが、この時代に火薬の使用法は大きく成長しました。それは江戸の華ともいわれる花火のおかげでした。花火は日本が世界に誇る火薬芸術です。戦争で破壊に使われる火薬を芸術にまで高めたのは日本人だけです。

花火は、和紙で作った半球状の容器に、黒色火薬を練って作った「ホシ」といわれる玉を何個も規則的に詰め込んだものです。規則的に詰め込むことによって、日本の花火独特の、美しい菊の花型に開くのです。

ホシを作る火薬には、さまざまな金属の粉を混ぜます。この金属の炎色反応によって色とりどりの花火ができるのです。そして、花火を打ち上げるのもまた黒色火薬です。花火は黒色火薬の芸術といえるでしょう。

●花火

SECTION 10

近代世界の爆薬

本書では、これまでに爆発の化合物を「火薬」または「爆薬」と解説してきましたが、両者の違いは明確ではありません。時代や国によって異なります。しかし、一般に燃焼を助け激しくするものを「火薬」、その結果の爆風などによって物体を損傷するものを「爆薬」ということが多いようです。

古代の火薬

古代の火薬は基本的に黒色火薬であり、それは燃料の炭素（C）、硫黄（S）を硝石（KNO_3）の助けによって激しく燃やすという性質でした。硝石のこのような働きを一般に助燃剤といいます。

物が燃えるというのは、物と酸素が結合することであり、物が激しく燃えるためには酸素の迅速な供給が必須条件です。しかし、爆発のような激しい燃焼のためには、空気中の酸素を待っていたのでは間に合いません。燃料の近くに酸素が存在しなければなりません。

そのためにちょうどいいのが、ニトロ基（NO_2）といわれる原子団です。これは1個の原子団の中に酸素原子（O）を2個も持っています。そのために、硝石は助燃剤として黒色火薬の成分として活躍したのです。

ニトロ化合物

近代化学が創りだした火薬は、1分子中に燃料部分と酸素供給部分を併せ持った分子でした。これは瞬時に燃焼反応と爆風が発生します、爆風の速度は音速を超えます。このような物質として世に送り出されたものは、1846年にイタリアのA・ソブレロによって発明され

●トリニトロトルエン

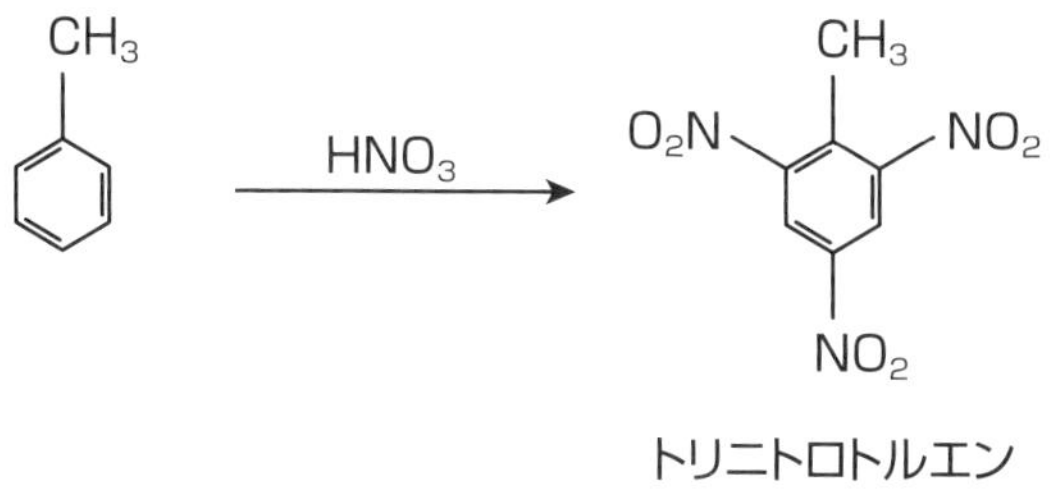

トリニトロトルエン

たニトログリセリンと、1863年にドイツのJ・ヴィルブラントによって発明されたトリニトロトルエン(TNT)があります。両方ともそれから200年近くたった今も現役の爆発物として活躍しています。

ハーバー・ボッシュ法

ニトロ化合物の原料となる硝酸(HNO_3)を作るためには硝酸カリウムやアンモニア(NH_3)が必要です。ところが天然資源としてのこれらは量が限られており、爆発物を大量に作ることは困難でした。

この問題を解決したのが20世紀初頭にドイツで開発されたハーバー・ボッシュ法です。フリッツ・ハーバーとカール・ボッシュの2人によって開発されたこの方法は、水の電気分解で得た水素ガス(H_2)と空気中の窒素ガス(N_2)から、触媒存在下、高温高圧の反応条件によって直

●硝酸の生成

$$2H_2O \xrightarrow{\text{電気分解}} 2H_2 + O_2$$

$$N_2 + 3H_2 \longrightarrow 2NH_3$$

$$\underset{\text{アンモニア}}{NH_3} \xrightarrow[\text{酸化}]{(O)} \underset{\text{硝酸}}{HNO_3}$$

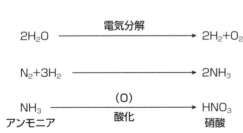

接アンモニアを合成するというものでした。

この方法は窒素化学肥料の合成法として画期的でした。つまり、私たちが現在、充分な食料の下で生活できるのは、ハーバーとボッシュのおかげであるということがいえるかもしれません。ハーバーとボッシュは互いに異なる主題でノーベル賞を獲得し、ドイツ工業界の重鎮として活躍しました。しかし、ハーバー・ボッシュ法は同時に爆薬の原料製造法としても使えるものでした。第一次世界大戦でドイツ軍が用いたすべての爆薬はハーバー・ボッシュ法によるものだとの説もあります。人類に幸福をもたらす化学肥料と不幸をもたらす爆薬。2人の一生は意味が深いように思われます。

化学肥料の爆発

ニトロ基NO_2が爆薬の条件なら、化学肥料はこの条件を満たしています。硝酸カリウム（硝石）KNO_3が黒色火薬の必須原料であることは先に見たとおりですが、化学肥料としてすぐれた硝安（硝酸アンモニウム）NH_4NO_3もこの条件を満たすものです。硝酸アンモニウムは現代の民生用爆薬、アンホ爆薬の原料として知られていますが、硝酸アンモニウムの初期のころはそのような知識が無く、雑な取り扱いをしていたようで、大爆発事故が何回も起こっています。

①オッパウの事故

ドイツの都市オッパウで1921年9月21日の午前7時29分と31分の2回にわたって大爆発が起こりました。サイロに貯蔵されている硫硝安混成肥料は、吸湿固化しており、その一部を出荷するためにダイナマイトで発破して崩す作業をした際、硫硝安混成肥料が起爆してしまい、大惨事となったものです。この大爆発で、工場の従業員など509人が死亡し、160人が行方不明となりました。工場と近くの1000戸の

●オッパウの大爆発

家屋のうち約70％が破壊され、1952人が負傷したといいます。

② テキサスシティ大災害

1947年4月16日の午前8時頃、アメリカのテキサスシティでフランス船籍の蒸気船（貨物船）グランドキャンプ号の船内で火災が発生しました。硝酸アンモニウムの燃焼による黄金色の「美しい煙」が立ち上り、大勢の野次馬が現場近くへ集まりました。午前9時12分頃、大爆発し爆風と飛び散った鉄板等により多数の負傷者が出ました。最終的に581人が死亡、5000人以上が負傷する大惨事となりました。

③ ベイルート大規模爆発

2020年8月4日にレバノンの首都ベイルートにあるベイルート港の倉庫に保管されていた硝酸アンモニウム2754トンのうち約550トンが何らかの原因で爆発しました。港湾労働者や住民ら4000人以上が被害に遭ったといわれます。硝酸アンモニウムはロシア貨物船の積み荷で、2014年に港湾当局が押収したものが放置されたままでした。

SECTION 11

現代社会の爆薬

爆薬は戦争で使うものとは限りません。むしろ、平和な世界でこそ、真価を発揮するのです。爆薬なくしてパナマ運河ができたでしょうか。

新しいニトロ化合物

爆薬には、一般にプラスチック爆弾といわれるものがあります。これはトリニトロトルエン（TNT）などの固体（粉末）爆薬を、ニトログリセリンなどの液体爆薬で練ったものであり、多数種の爆薬の混合物です。粘土のように成形が自由なので、隙間に押し込むようなこともできます。

また、不要になったら火をつけると、爆発せずに燃焼します。現代では、このような昔からの爆薬の応用だけでなく、まったく新しい分子構造の爆薬も開発されています。

特徴はニトロ基（NO_2）を持っていて、分子の形が籠型（ケージ状）ということです。

このような構造は、炭素原子の本来の結合状態ではなく、歪んだ状態なのです。曲げた竹が元に戻るように、歪んだ化合物は内部に大きなひずみエネルギーを持っています。これが爆発のエネルギーとなって放出されるのです。

ニトロ化合物以外の爆薬

爆薬はニトロ化合物とは限りません。ニトロ化合物以外の爆薬としてよく知られているものにカーリット爆薬があります。これは、過塩素酸アンモニウム（NH_4ClO_4）を酸化剤とし、ケイ素鉄（鉄とケイ素の合金）と木粉を燃焼剤とする爆薬であり、結合剤として重油が加えられています。

工業用に多用される爆薬に含水爆薬というものがあります。これは硝酸アンモニウム

●爆薬を使った工事

(NH_4NO_3)、アルミニウム粉末、水の混合物であり、爆発力が大きくて安価という特徴があります。状態によって、エマルジョン爆薬、スラリー爆薬などといわれています。他にもニトロ化合物以外の爆薬として、主にテロ活動に使われるものに液体爆弾があります。

核爆弾

人類が作りだした最強の爆薬は核爆弾です。これには原子核の分裂反応である核分裂を利用した原子爆弾と、原子核の融合反応である核融合を利用した水素爆弾の2種類があります。

原子爆弾の爆発物には、ウラン(U)とプルトニウム(Pu)が用いられます。広島に投下された原子爆弾はウラン、長崎に投下された原子爆弾はプルトニウムを用いた爆弾でした。最近の原子爆弾はほとんどがプルトニウムを用いたものといわれています。しかし、爆発力からいったら、水素爆弾が圧倒的に強力です。

核爆弾の威力は同等の爆発力を与えるTNTの量で表します。すなわち、爆発力が

1トンということは、1トンのTNTに相当する爆発力ということになります。ちなみに、広島の原爆は15キロトンの爆発力でした。それに対して水素爆弾の爆発力はメガトン(100万トン)級です。これまでで実験された水素爆弾の最大のものは1961年に旧ソビエトが作ったツァーリボンベ(皇帝の爆弾)で、爆発力は50メガトン、すなわち50×100万トンでした。爆発による衝撃波は地球を3周したといいます。

また、1954年に太平洋のビキニ環礁でアメリカが行った大規模の水素爆弾の実験で、日本のマグロ漁船、第五福竜丸が巻き込まれて被爆した出来事は、大きなニュースになりました。

●ビキニ環礁での水素爆弾の実験

SECTION 12

パルテノン神殿の爆発

人類は爆発物を操るようになってから、たくさんの大爆発事件を経験してきました。歴史に残る有名な事件としてパルテノン神殿の爆発があります。

パルテノン神殿

ギリシアのアクロポリスの丘に建つパルテノン神殿は古代ギリシアを象徴する建物です。紀元前、地中海地方の青い空をバックに立つ白亜の大理石建築は美しさを通りこして神々しく見えたことでしょう。

しかし、現在立っているのは柱だけです。屋根も壁も崩れて、建物の全容は想像するしかありません。紀元前5世紀に建てられたものだけに、2500年の風雪に耐えられなかったということではありません。実はパルテノン神殿がこのような悲惨な姿になったのは人間のせいなのです。

近世になってギリシアはオスマントルコに支配されました。ところが1686年、ヴェネツィア、ローマ、オーストリア、ポーランドの同盟軍がオスマントルコに宣戦を布告しました。そして、1687年、同盟軍がアテネを攻撃したのですが、このときトルコ軍は、まさかキリスト教徒が元教会だった建物を攻撃することはないと思い、パルテノン神殿に武器弾薬を貯蔵していたのです。

しかし、期待に反して同盟軍は、アクロポリスを砲撃し、そのうちの1発がパルテノン神殿に落下しました。貯

●パルテノン神殿

蔵されていた火薬は引火爆発し、パルテノン神殿は2日間燃え続けたといいます。これが、パルテノン神殿が現在の姿になってしまった理由なのです。

スフィンクス

スフィンクスは古代エジプトを象徴する神像です。頭部が女性で体がライオンという像はたくさんありますが、最も有名で大きいのはエジプトのギザにあるスフィンクスです。全長73ｍ、全高20ｍというこの巨像は紀元前２５００年ころに作られたものといいます。

ところが、できた当時は美しかったであろう顔が、現在は鼻の辺りが大きく欠けて壊れた姿になっています。４５００年の風月に耐えたのですから、仕方のないことと思われますが、実はこれには、もっともらしい説があります。ある1人の男の狂気としかいいようのない命令によってこのような姿になったというのです。その男の名前はナポレオン・ボナパルト、あの有名なフランスの皇帝ナポレオンです。彼がエジプト遠征のときに大砲部隊に命令し、スフィンクスの顔を的にして射撃訓練をしたというのです。しかし、事実は違います。史実によれば、スフィンクスの顔はナポレオン遠征の300年も前にすでに欠けていたといいます。

古代遺跡の爆破事件

シリアのパルミラ遺跡は紀元前1～紀元3世紀にシルクロードの隊商都市として栄えた都市でした。ローマ様式の石造建築がたくさん残る美しい遺跡です。なんとこの遺跡にある世界遺産のバール・シャミン神殿が、2015年8月にイスラム国によって爆破されたといいます。また、アフガニスタンのバーミヤン遺跡は、5～6世紀にかけて作られた石造の巨大仏像を中心とした遺跡です。これも2001年アフガン戦争の影響によって武装勢力のタリバンによって爆破されました。

先人が1000年、2000年の長きにわたって守り続けてきた世界の宝を一瞬の爆発で破壊する行為は決してあってはならないことです。

SECTION 13

飛行船ヒンデンブルグ号の爆発

飛行機の事故は確率からみると少ないといわれています。しかし、1度事故が起きると多数の犠牲者を出す大惨事となります。1937年に起こったドイツのヒンデンブルグ号の爆発事故は、飛行機が起こした歴史的な事故として語りつがれています。

飛行船

ライト兄弟が有人飛行に初めて成功したのは1903年のことです。その後20世紀前半に飛行機は長足の進歩を遂げましたが、それは主に戦争や通信用のもので、旅客を乗せる飛行機が実用化されたのは1930年以降でした。しかし、それでも発明から30年も経っていません。飛行機の進歩の速度に驚くばかりです。

当時の旅客機は短時間で長距離を移動する必要のある政治家や実業家向けの、いわばビジネス用ばかりでした。しかし、ゆったり優雅な空の旅ができなかったわけではありません。現代の豪華旅客機による世界旅行のような空の旅もありました。それは飛行機ではなく、飛行船を利用したものでした。飛行船は簡単にいえば風船にプロペラを付けたようなもので、旅客は風船にぶら下げたゴンドラに乗ります。

ヒンデンブルグ号の事故

当時、飛行船として最大規模と性能を誇ったのが、ドイツが国の威信をかけて製造したヒンデンブルグ号でした。これは全長245m、直径41・2m、充填ガス約20万立方メートルで6日間の連続航行が可能という当時の最先端技術を結集した飛行船でした。ゴンドラ内ではピアノ演奏もできる豪華さでした。

1937年ドイツを出発したヒンデンブルグ号はアメリカ、ニュージャージー州のレイクハースト飛行場に到着しました。飛行船は高い係留搭に固定され、ゴンドラの客は係留搭に歩いていき、そこからエレベーターで地上に降ります。そのとき、飛行船本体の尾部で爆発が起きたのです。爆発の火はまたたく間に飛行船を火だるまにし、乗員乗客97人のうち、35人と地上の作業員1人、合計36人が犠牲になりました。

事故の原因

事故の一番の原因は飛行船本体に充填されたガスでした。何と水素ガスが使用されていたのです。

空気の重さを28・8（比重1）とすると水素ガスの重さはわずか2（空気に対する比重0・07）です。木材が水に浮くように、水素ガスは空気に浮きます。つまり、水素を詰めた飛行船は空気中を浮いて移動できるのです。ですから、飛行船に詰める気体としては水素ガスは合

●ヒンデンブルグ号の事故

理的でした。

しかし、水素ガスは爆発性の気体として有名です。飛行船にこのような爆発性の気体を詰めれば、いつか爆発する可能性があることは火を見るより明白です。そんなことは百も承知の工業国ドイツはなぜ、飛行船に水素を詰めたのでしょうか?

これには政治的な背景があります。当時も人が乗る飛行船には水素でなく、ヘリウムを詰めるべきとの知識がありました。ヘリウムの重さは4であり水素よりは重いですが、空気に比べれば充分に軽い気体です(空気に対する比重0・14)。しかもヘリウムは希ガス元素なので、爆発炎上の心配はありません。

ドイツも設計段階では飛行船にヘリウムを詰める予定でした。しかし、当時、ヘリウムを生産するのはアメリカだけでした。ドイツはアメリカからヘリウムを買おうとしましたが拒否されました。当時のドイツはヒトラーの支配するナチスドイツでした。アメリカは、ドイツが原子爆弾を開発しているという情報があり、このような国に究極の低温冷媒であるヘリウムを渡したら、何に使われるかわからないという理由で断ったのです。ヘリウムを入手できなくなったドイツは、しかたなく水素を飛行船に詰めたことにより、この事故を起こしてしまったのです。

SECTION 14

スペースシャトルチャレンジャー号の爆発

20世紀に開発され人類を月にまで送り届けたのが宇宙ロケット技術です。それが衆人環視の中で大爆発を起こし大惨事となったのが1986年のスペースシャトルチャレンジャー号の事故でした。

ロケット

宇宙ロケットは空気のない空間を飛行します。ここで燃料を燃やすためには、酸素を自前で用意しなければなりません。このように、酸素を自前で用意する飛行体を一般にロケットといいます。ロケットの技術は、最初はドイツで開発されました。しかし、当時のドイツは戦時下であり、ロケット技術は爆弾を敵国のイギリスやフランスに飛ばすための兵器として開発されました。しかし、第二次世界大戦後、ドイツでロケット開発に携わった多くの技術者がアメリカに移住したことにより、ロケット技術はアメリカを中心に発展することになりました。しかし、同時に当時の東西冷戦構造のせいで、東側の首領国である旧ソビエトもロケット技術を開発しました。

スペースシャトル

重量のある物体を、宇宙に飛ばすためには、地球の引力から脱出しなければなりません。そのためには高速で飛ばす技術と膨大な量の燃料が必要になります。さらに、その燃料を持ち上げるための燃料がまた必要になるということで、宇宙ロケットは3段式となり、肝心の有人部分は推進装置を持たない弾頭部分だけで、他の部分は使い捨てという構造でした。

これでは経済的に大変ということで、アメリカが開発したのがスペースシャトルです。これは推進力を持つシャトルという部分に燃料タンクを装着したものです。不要になって捨てるのは燃料タンクだけで、本体は何回でも繰り返し使うことができる優れた宇宙船でした。

チャレンジャー号の事故

1986年1月28日、アメリカのフロリダからスペースシャトルチャレンジャー号が打ち上げられました。ところが、打ち上げから73秒後の午前11時39分、シャトルは大西洋上で爆発分解し、7名の乗組員全員が死亡したのでした。原因は、右側固体燃料補助ロケット(SRB)の密閉用Oリングが発進時に破損したことから始まったものでした。また、シャトルには脱出装置が装備されていませんでした。

この事故に対しては原因究明のための特別委員会が組織され、事故の根本原因はNASAの組織文化や意志決定過程にあったと結論づけました。NASAの幹部はすでに1977年の段階で、Oリングに致命的な欠陥があることを知っていながら、適切に対処できていなかったというのです。また彼らは、当日の朝の異常な低温が打ち上げに及ぼす危険に関する技術者たちからの警告を無視していたといいます。

現代技術の最先端を飾る宇宙開発ですが、その根幹を握るのは人間集団の意思の疎通であるということをまざまざと見せつけられた事例でした。

SECTION 15

ツングースカの爆発

ツングースカとはロシアのシベリア地方を流れるエニセイ川の支流の名前です。1908年6月30日午前7時ごろ、この川の上流で大爆発が起こりました。しかし、原因は長いこと不明で、謎の大爆発とされていました。

謎の爆発

爆発の規模はものすごく大きいものでした。爆発によって生じたキノコ雲は数百㎞離れた場所からも目撃され、爆発による閃光はヨーロッパ西部にも届き、ロンドンでは真夜中なのに新聞を読めるほど明るくなったといわれています。

強烈な空振が発生し、半径約30～50㎞にわたって森林が炎上し、約2150平方キロメートルの範囲の樹木がなぎ倒されました。1000㎞以上離れた家の窓ガラスも割れたといいます。幸い、近くに村落がなかったため、死者は報告されませんでしたが、非常に僻地であるため、発見されなかった犠牲者がいた可能性もあるといいます。

破壊力はTNT火薬にして5メガトン(500万トン)とされますから、水素爆弾並みの爆発です。爆発地点からは、地球表面にはほとんど存在しない元素のイリジウムが検出されました。

当初考えられた原因

爆発が起こったのは、第一次世界

●ツングースカの爆発

大戦やロシア革命の数年前で日露戦争を終えて間もないという時期でした。ロシア国内の社会は非常に混乱しており、現地調査は、しばらく行われませんでした。その上、爆発地点の周辺で、樹木や昆虫の生育に異常が見られるという噂話が出ました。このようなことから、爆発の原因として当初はさまざまな説が取りざたされました。

①UFO墜落説

UFOが墜落して、積載していた原爆が爆発したという面白い説ですが、証拠がありませんでした。

②彗星や小惑星衝突爆発説

小惑星などが衝突したという確からしい説ですが、当初は隕石が発見されませんでした。

③ガス噴出説

2008年に提出された説で地球の内部には膨大な量の炭化水素が存在し、この炭化水素1000万トンがガスとなって地上に噴出したとする説です。

爆発の真相

本格的な科学的調査が行われたのは、1960年代に入ってからのことでした。倒木の倒れている向きなどの綿密な地図が作られたことで爆心地や爆発力、入射角、爆発時の速度などが推測できるようになりました。

1999年には、爆心地と想定される地点の近くにあるチェコ湖の調査を行い、衝撃などの痕跡から、その湖の成因がこの爆発によるものであることがわかりました。そして、2013年に当時の泥炭の地層から、隕石を構成していたと見られる鉱物が検出されました。これによって爆発は隕石が原因だったと特定されたのです。

発見された鉱物は、いずれも炭素の鉱物であるロンズデーライト、ダイヤモンド、石墨の混合物でした。そして、ロンズデーライトの結晶中には、トロイリ鉱とテーナイトも含有されていたのです。ロンズデーライト、トロイリ鉱、テーナイトは地球上には、ほぼ存在しない鉱物ということから、爆発は隕石の落下で間違いないとされています。

SECTION 16

セベソのダイオキシン爆発

1976年、イタリアのミラノの北にあるセベソという街で、農薬工場が爆発しました。工場の爆発事故は珍しいことではありませんが、この事故はその後、大きく取り上げられることになりました。というのは、この爆発によって猛毒といわれるダイオキシンが大量に周辺に飛散したからです。

ダイオキシン

事故の原因は、工場の操作員がマニュアル（運転指示書）を無視して操作するという、あってはならないミスをしたことでした。その結果、反応容器は高熱となり、爆発して内容物が霧状になって飛散しました。その中には高熱によって生じたダイオキシンが少なくとも20kg、多ければ120kgほど含まれていたといわれます。

猛毒といわれるダイオキシンがそれだけの量、街中に飛散したのでは住民の人的被害は大変なことになるということで、この事故が注目されたのです。

セベソの工場では、化合物①を原料として化合物②を合成していました。しかし、この合成反応は温度が高くなるとさらに進行して化合物③を生産してしまいます。この化合物③こそ公害物質としてよく知られているダイオキシンなのです。ダイオキシンには多くの種類がありますが、この化合物③はその中でも最も毒性が強いといわれる物質でした。

当局の事故当初の対応の遅れや企業秘密の壁などによって、事故の原因解明や事後

●ダイオキシンの発生

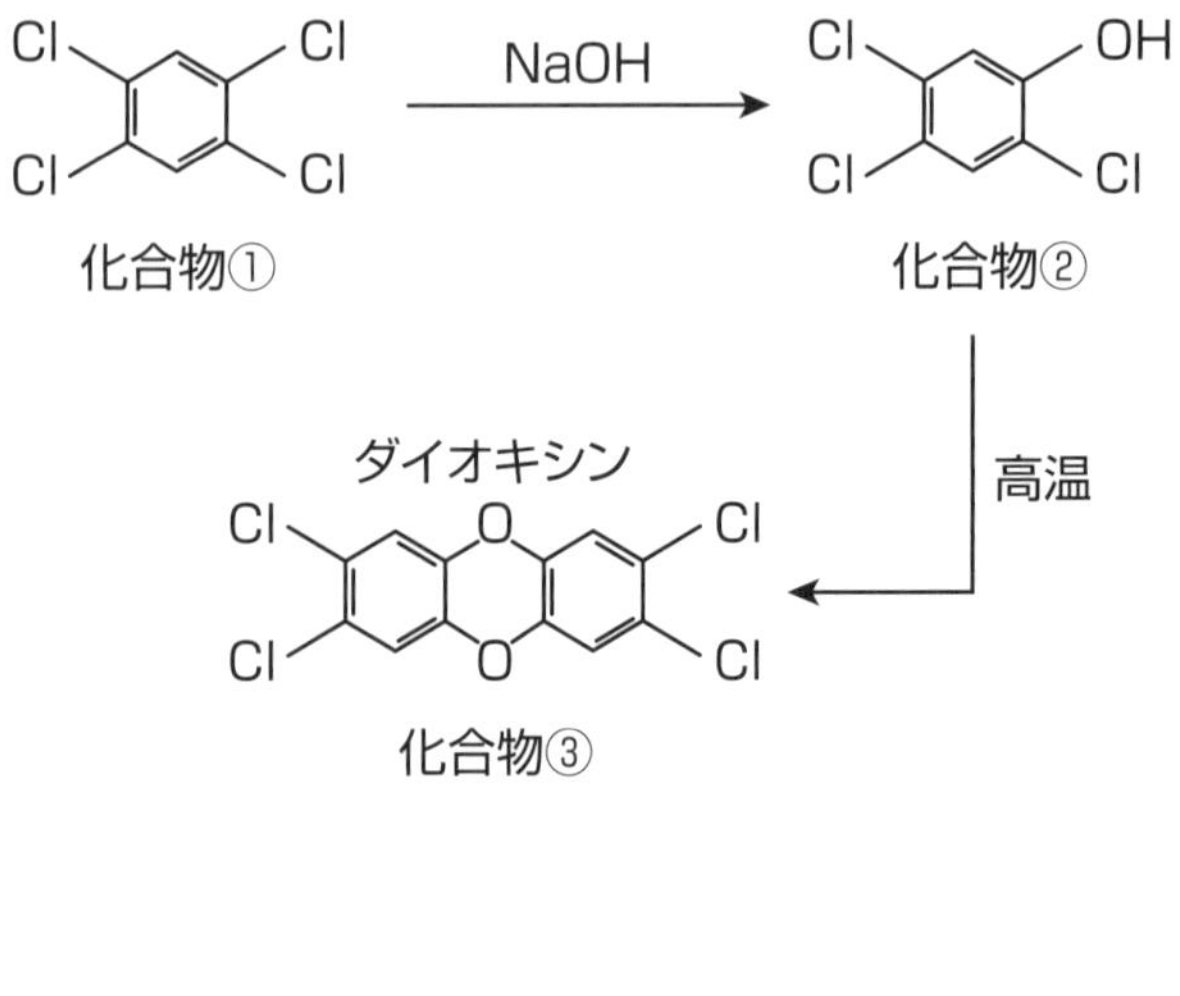

化合物①
化合物②
化合物③

対応は遅れた上に、必ずしも満足のいくものではなかったようです。

明らかになった被害としては、事故の当日に、ニワトリやウサギなど3300匹の動物が死にました。被害者は数万人に上るといわれました。後に疫学的に調査の対象になった住民は22万人といいます。しかし、死者はほとんどおらず、少なかったことは確かなようです。

事故の当日に皮膚に炎症を起こした児童15人が病院に運ばれ、住民447人に塩素挫傷という、火傷のような症状が認められたといいます。また、妊婦には特例として中絶が認められました。

後遺症

事故の翌年の4～6月の流産率は34%となりましたが、これは中絶を含む数値かもしれません。塩素挫傷の子供152人と非汚染地域の子ども241人に肝機能の継続検査を行ったところ、肝機能の弱化を表す目安であるALT値やトリグリセリド値が高くなる傾向が認められたようですが、1982年までには違いは認められなくなりました。神経機能、免疫機能についても同様の検査が行われましたが、両群に有意の差は認められませんでした。

注目されるガンに関しては、消化管およびリンパ系・造血器系のガンが増加しているとの報告があります。しかし、これも検査対象の個体数が統計的処理をするには小さいことから、結論的なことをいうのは困難とされています。

異変が見て取れるのは被災地帯での出生児の男女比率です。事故後7年間(ダイオキシンの半減期)では男児26人に対して女児48人と女児が多くなっています。しかし、その後の7年間では男児60人に対して女児64人と差はなくなっています。また、この198人の出生児に奇形児はいませんでした。

1982年、EUではこの事故を教訓に、特定産業活動による大規模事故災害に関する指令を制定しました。これをセベソ指令といいます。

Chapter. 3
身近で起きる爆発の危険性

SECTION 17

気体の膨張による爆発の恐怖

危ないことがわかっている仕事をあえて引き受けることを、「火中の栗を拾う」といいます。栗を焼いて食べようと火の中に入れると、栗は皮が弾けて爆発します。サルカニ合戦でサルが怪我をしたのも、この焼き栗のせいでした。銀杏も同様です。銀杏を焼くときには、焙烙《ほうろく》といわれる特別な器具などを用いなければなりません。

木の実の爆発

栗や銀杏を焼くとなぜ爆発するのでしょうか？　それは、これらの木の実は硬い外皮の中に果実が入っているからです。果実は乾燥しているようにみえても、内部に水分を含んでいます。これを加熱すると水分が蒸発して水蒸気になります。しかし、硬い外皮に邪魔されて水蒸気は外に出ることができません。そのうち、内部の圧力が高まり、外皮が持ちこたえられなくなったときに突然外皮が破れて破裂するのです。これは、火山で起こる水蒸気爆発と同じ原理なのです。

スプレー缶の爆発

気体の体積は温度と圧力によって変化します。すなわち、絶対温度に比例し、圧力に反比例するのです。絶対温度とは摂氏の温度に273℃を加えたものです。したがって0℃の気体1リットルが100℃になれば、1×373÷273＝1・37リットルになります。すなわち1・37倍になるのです。

スプレー缶の中にはスプレーガスが入っています。これを焚火の中に入れようものなら、内部の気体の温度は100℃以上になり、焚火の中で爆発が起きることになります。缶詰でも同じです。温めて食べようと、開けていない缶詰を温めたら、中の気体が膨張し、液体が気体となり、爆発して中身が吹き飛びます。缶詰が食べられなくなるのは当然ですが、大けがをする恐れがあります。

ちなみに、圧力が2倍になると気体の体積は半分になります。これを利用したのがエアガンです。気体に高圧をかけて体積を小さくします。その後に、圧力を急に1気圧に戻したら、気体は爆発的に膨張します。エアガンは、この膨張力で弾を飛ばす仕組みなのです。

ドライアイスの爆発

ドライアイスは、二酸化炭素（CO_2）の固体です。ドライアイスを放置すると白い煙を出して小さくなっていきます。すなわち、固体が直接気体に変化するのです。白い煙のようなものは空気中の水蒸気が冷却されて細かい水滴になった雲のようなもので、二酸化炭素ではありません。二酸化炭素は気体なので見えることはありません。

水はこのような変化はしません。固体の

●ドライアイス

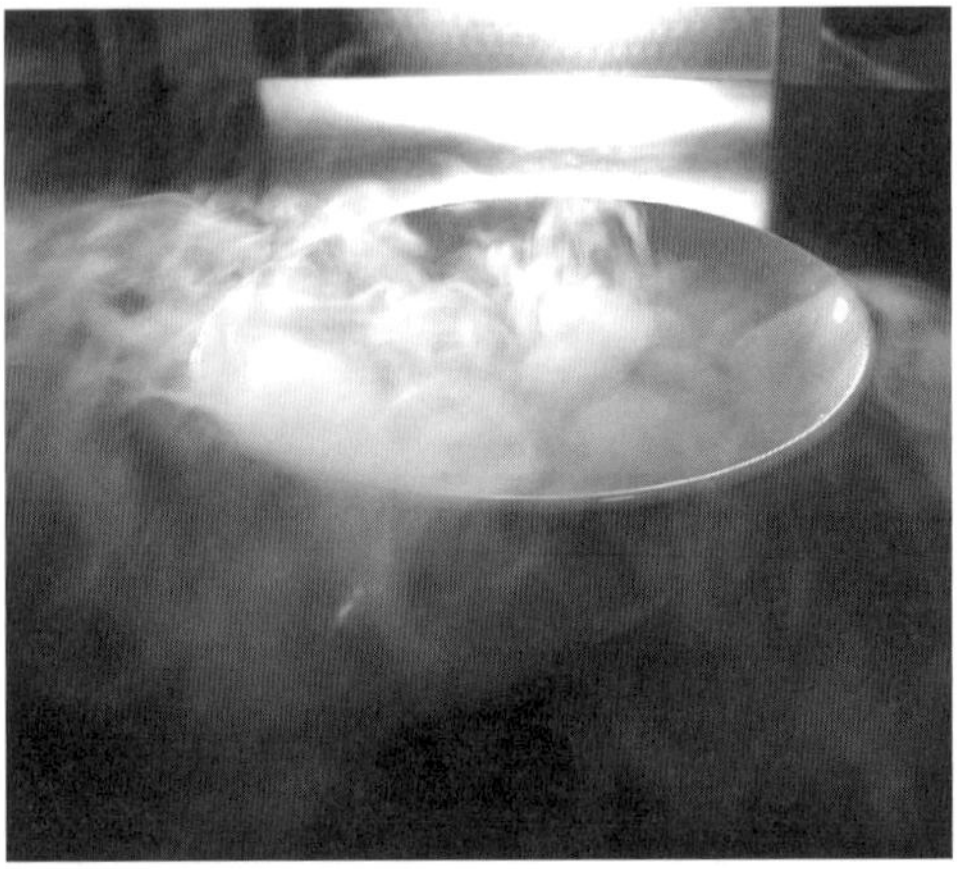

氷を加熱すれば融けて液体の水になり、水を加熱すると蒸発して気体の水蒸気になります。すなわち、「固体→液体→気体」というように変化します。

ドライアイスのように、固体から直接気体に変化する反応を「昇華」といいます。タンスなどに入れる防虫剤やトイレの消臭剤も昇華します。ただし、氷も低圧にすると昇華します。これを利用したのがフリーズドライです。

ドライアイスが気体になったら、体積はどのように変化するか考えてみましょう。鉛筆が1ダースを単位として扱うように、分子の単位は1モルです。1モルの二酸化炭素（ドライアイス）の重さは44ｇです。ドライアイスの比重は1・6なので、体積は28ミリリットルになります。これが気化すると室温で25リットルほどの体積になります。つまり、900倍ほどの体積になるのです。

ひとかけらのドライアイスを風船に入れると、やがて風船はパンパンに膨らみます。ドライアイスが多ければパンクします。このドライアイスをガラス瓶などに入れようものなら、爆弾並みの爆発が起こります。普段は安全に使っているものでも状況が変われば凶器に変化し、牙をむきます。ドライアイスによる事故も多く起きていますので使用する際には充分注意が必要です。

タイヤ爆発

２０１４年12月22日、滋賀県のガソリンスタンドで、大型トラックのタイヤが破裂し、このタイヤに空気注入を行っていた男性従業員が空気圧で吹き飛ばされ亡くなる事故が起きました。

男性従業員は左側の後輪タイヤにエアコンプレッサーを用いて空気を注入していたところ、タイヤが突然破裂し、この際に噴出した空気によって吹き飛ばされました。近くの病院へ収容されましたが、胸部強打に伴う大動脈解離が原因でまもなく死亡しました。空気注入が行われていたタイヤは側面部が裂けており、男性従業員に目立つ外傷は無く、破裂の際に生じた空気が衝撃波を伴い、内臓を傷つけたということです。

SECTION 18

気体発生による爆発の恐怖

重曹は正式名を炭酸水素ナトリウム（$NaHCO_3$）といいます。化学では昔、ドイツ語が用いられました。ナトリウムはソーダということもあり、炭酸水素ナトリウムは、重炭酸ソーダといわれました。略して重曹です。重曹はベーキングパウダーとしても使われます。ベーキングパウダーは、パンやお菓子を焼く前に、練った小麦粉を泡立たせるための薬品です。本来は微生物のイーストを用いるのですが、簡単にふくらませるためベーキングパウダーを用います。イーストもベーキングパウダーも二酸化炭素（CO_2）を発生します。これが泡の元になるのです。

重曹による爆発

重曹の泡立ちは酸を入れると激しくなります。最近、重曹を掃除に使用する方法が流行っており、クエン酸という酸を加えると、泡立って垂直な壁に付着して洗浄力が高まるといわれています。しかし、この混合を瓶などの密閉容器で行うと、前項のドライアイスと同じように爆発が起こる可能性がありますので、くれぐれも注意が必要です。漂白剤とトイレの洗剤、ある種の入浴剤と酸性洗剤などの組み合わせは有毒ガスを発生します。このような反応を密閉容器の中で行ったら、容器内がガスで充満して高圧となり、やがて爆発が起こります。

カーバイドによる爆発

２０１５年、中国の天津の倉庫群で大爆発がありました。倉庫で火事があり、消防車がそれに水をかけたところ、爆発が起こったといいます。化学薬品が水と反応して爆発性のガスを発生したのでしょう。

貯蔵品には炭化カルシウム(CaC_2)が含まれていました。炭化カルシウムはカーバイドとも呼ばれ、灰色のモルタルのような脆い固体で

●重曹の反応

$$2NaHCO_3 \longrightarrow Na_2CO_3 + H_2O + CO_2$$

重曹　　　　二酸化炭素

手で割ることができます。カーバイドは水に触れると直ちに反応してアセチレンを発生します。アセチレンは可燃性、爆発性のガスです。酸素と混合した酸素アセチレン炎は４０００℃近い高熱になるため鉄板の溶接に使うほどです。燃焼時に強い光を出すので、アセチレンランプとして災害時の照明や夜釣りの魚寄せの光に用いたりします。カーバイドは家庭の倉庫にも眠っている可能性がありますので、雨漏りで水がかかったりすると、火事や爆発の危険性があります。

硝安による爆発

２０２０年レバノンの港湾倉庫地帯で大爆発が起き、１３５人死亡、４０００人以上が怪我という大被害が起きました。原因は安全未確認状態のまま放置されていた２７５０トンもの化学肥料、硝安でした。硝安は一分子内に窒素原子２個を持つ優れた窒素肥料ですが、爆発力もすごく、昔から何回も大爆発事故を繰り返してきました。

●カーバイドと水の反応

$$CaC_2 + 2H_2O \longrightarrow Ca(OH)_2 + C_2H_2$$

カーバイド　水　アセチレン

硝安とある種の可燃性液体の混合物は「アンホ爆薬」と呼ばれ、安価で使いやすく、しかも爆発力が大きいので、現在では民生用爆薬としてダイナマイト以上に使われているといいます。

生ゴミによる爆発

2003年に神奈川県大和市の大規模スーパーの生ゴミ処理機が爆発し、消防隊員ら11人が重軽傷を負いました。当初、生ゴミから発生したメタンガスに火がついたものと思われましたが、調べてみると違いました。生ゴミが処理機の中で加熱され、その熱が溜まって（蓄熱）燃え上がったようです。有機物が燃えれば可燃性のガスが発生します。普通、このガスは発生と同時に燃えて炎となりますが、この火災の場合には、燃えないで処理機の中に滞留していたのです。充分に溜まったところで火がついて一気に爆発したのです。化学物質は、使用者にその意図がなくても、条件が揃えば容赦なく化学反応を行います。その結果、有毒有害、可燃性、爆発性のガスが発生し、火がつくと大きな爆発事故につながるのです。

SECTION 19

ガス爆発の恐怖

一般家庭にあるもので、最も爆発に関係するものといったら、都市ガスです。都市ガスが爆発したら大変な災害になります。

都市ガス

昔の都市ガスは水性ガス(石炭ガス)という、高熱の石炭と水を反応させて発生させたもので、成分は爆発性の水素ガス(H_2)と猛毒の一酸化炭素(CO)でした。ですから、間違って夜中にホースが外れようものなら、静電気で爆発が起こるか、あるいは一酸化炭素中毒で中毒死してしまう危険性がありました。

現在の都市ガスは例外を除けばすべて天然ガスであり、その成分は、ほとんどすべてがメタン(CH_4)です。メタンは中毒するような毒性はありませんが、爆発性を持っている危険物質です。メタンガスそのものは無臭ですが、ガス漏れを知らせるため、わざと匂いを付けてあります。

現在の日本のガスコンセントは、ホースが外れるとガスが止まる安全装置が付いていますので、余程のことがない限りコンセントが外れて爆発ということはありません。しかし、屋外の地中に設置してあるガス管が、古くなり割れたりしてガス漏れが起こることは、たびたびあります。このようなガスは、地上に出て拡散すればガス臭いだけで済むのですが、適当な場所に滞留し、それに火がつくと大爆発が起こります。もし、家の中に漏れてきたらその家で爆発してしまいます。

●ガスの構造式

名前	構造式(分子式)
水素	H_2
一酸化炭素	CO
メタン	CH_4
プロパン	$CH_3-CH_2-CH_3$
ブタン	$CH_3-CH_2-CH_2-CH_3$
ペンタン	$CH_3-CH_2-CH_2-CH_2-CH_3$
アセチレン	$HC\equiv CH$

プロパンガス

キャンプでは適当な熱源として、ボンベのプロパンガス($CH_3CH_2CH_3$)を用いることがあります。プロパン1モルの重さは44gです。それに対して空気は28・8gです。1モルの気体の体積はすべて同じで、1気圧0℃で22・4リットルです。ということは、プロパンガスは空気より重いのです。万が一、ボンベのホースが外れたら、漏れたガスは部屋の下部に溜まります。気付いて窓を開けたとしても、窓から出ていくのは窓より上の部分に溜まったプロパンガスだけで、窓より下の部分に溜まったガスはそのままです。ここで座ってタバコに火をつけようものなら、爆発することになります。

●爆発

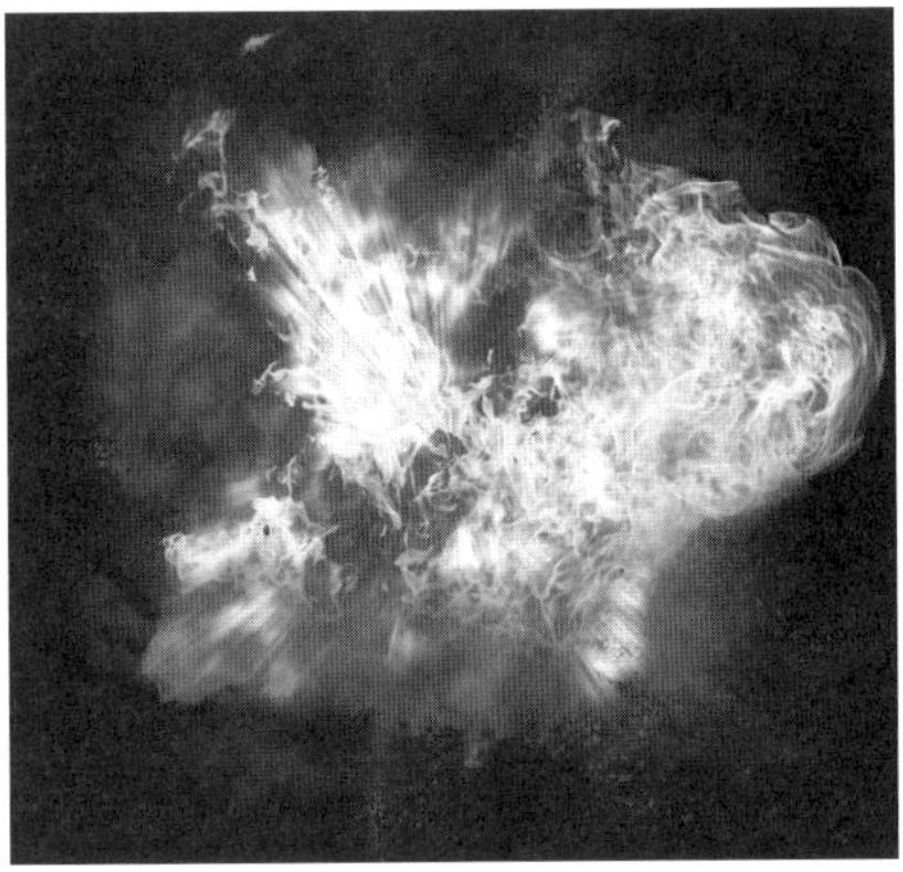

カセットガスコンロ

カセットガスコンロの爆発事故もよく起きています。カセットガスコンロのガスボンベには、ノーマルとハイパワーの2種類があります。ノーマルはノルマルブタンが成分で、ハイパワーはイソブタンが成分です。共に分子式はC_4H_{10}で、発熱量もほとんど同じですが、違いはハイパワーのイソブタンの方がボンベから速く出てくるということです。そのため、単位時間当たりの熱量はイソブタンの方が多いのでハイパワーですが、その分、早くボンベからガスがなくなります。

カセットコンロの典型的な爆発事故は、コンロを2台並べて、その上に大型の焼き肉用鉄板プレートを置いて火をつけるというものです。こうすると、コンロの中間に来たガスボンベに鉄板の熱が伝わり高熱になります。

●カセットガスコンロの爆発事故

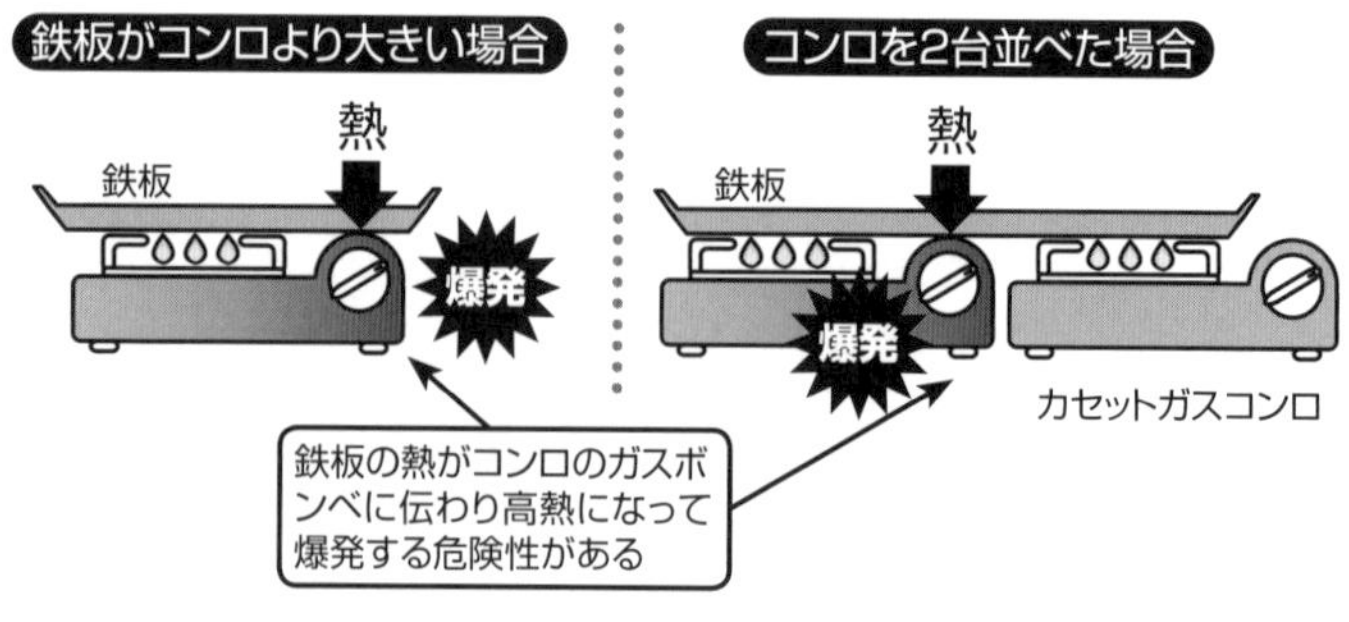

ガスボンベが爆発するのは当然です。しかも、爆発によって噴出するガスは爆発性なので、重大事故につながります。

ガスライター

身の周りによくある可燃性の爆発性ガスとして、タバコなどのガスライターがあります。この燃料は、カセットコンロの燃料であるブタン（C_4H_{10}）、あるいは炭素がもう1個増えたペンタン（C_5H_{12}）です。どれも空気中にたくさん漏れ出した状態で着火したら、確実に爆発します。

ライターは、着火ボタンを押し続ければ、その間火花が連続し、着火ボタンによって放出されたガスは燃え続けます。すなわち、ポケットの中で火が燃え続ける可能性があるのです。このような持続性爆発ともいうべき現象も起こっており、現代は身近なあらゆるところに爆発の原因が姿を変えて潜んでいるのです。

SECTION 20

引火爆発の恐怖

一般家庭において爆発など予期できるはずもありませんが、この予期できない爆発が、かなりの頻度で起きており、しかも大きな被害をもたらすのが引火爆発です。

引火・発火

石油やガソリンが関与した火災などの爆発事故のニュースを見ると、引火や発火という単語が目につきます。その違いは次のようなものです。

①引火点

炎(点火源)を近づけたときに着火して燃焼する最低の液温(火がつく温度)をいいます。これ以下の温度では火をつけても燃えることはありません。

②燃焼点

燃焼が継続するのに必要な最低の液温です。
一般に燃焼点は引火点より高温になります。

③発火点

空気中に点火源がなくても自ら発火する最低の温度です。天ぷらを揚げるときに、うっかりして油を高温にすると、油が燃えだします。この温度のことです。一般に発火点は、燃焼点よりも高いです。したがって、発火点で燃え出した天ぷら油は、そのまま燃え続けて火事になります。

●天ぷら油の火災事故

ガソリン

工場の引火爆発は、扱う物質と温度などの条件が揃うと発生する危険性が高くなりますが、一般家庭でも引火爆発は起こる現象です。

その1つが、ガソリンによるものです。ガソリンは一般の人が触れるものとしては最も引火点が低い、すなわち引火しやすいものです。しかも、その事故の大部分が灯油と間違えて石油ストーブに入れたという事例です。

ガソリンと灯油の引火点の違いは、下記の表のように歴然たるものがあります。普段使い慣れた灯油の感覚でガソリンを扱ったら、途端に火の海になることでしょう。そのような間違いが起きないように、ガソリンには色を付けてあるのですが、お年寄りなどには色の違いがわかり難いこともあり、急いでいるときには若い人でも間違えることがあるので気を付けましょう。

●引火点と発火点

名前	引火点	発火点
エタノール	17℃	363℃
ガソリン	−43℃	246℃
灯油	40〜60℃	220℃
軽油	62℃	210℃
ジェット燃料	60℃	210℃

シンナー

ペンキやラッカーなどの塗料は、有機物、無機物などの顔料（色彩を持った物質）を有機溶媒に溶かしたものです。有機溶媒とは、有機物を溶かす力の大きい液体の有機物であり、ベンゼン、トルエン、酢酸エチル（サクエチ）、アセトンなどがあります。このうち、ベンゼン、トルエンは発ガン性があり、トルエン、酢酸エチルは覚せい剤の作用があるということで、現在、家庭用の塗料には使われていません。

ペンキなどは一般に濃度が濃くて塗るのが困難です。そのために用いるのがシンナー（thinner）です。シンナーはその名前の通り、「薄める物」です。つまり化学物質の名前ではありません。多くの化学物質の混合物に付けられた商品名であり、売り出す会社によって成分は違います。

しかし、共通していえることは、引火性や爆発性の大きい液体有機物の混合物であるということです。このようなものを、たとえば石油ストーブなどの火の近くで使用すると、火事になります。取り扱いには充分注意しましょう。

助燃剤

最近、多い爆発事故として、屋外のバーベキューなどで用いる助燃剤（着火剤）によるものがあります。助燃剤には、メタノールをゲル化（ゼリー状）したものやアセトアルデヒドの４量体などの固形物を錠剤としたもの、木材のブロックに油脂やパラフィンを含浸させたものなどさまざまな種類があります。

どれも燃えにくいものを燃えやすくするものなので、助燃剤自体は非常に燃えやすいです。また、燃焼中に助燃剤の継ぎ足しを行い、助燃剤そのものに引火し爆発する事故が増えています。とても危

●助燃剤（着火剤）

険ですので決して行ってはいけません。

２０２３年5月に福岡県の専門学校が学生を集めてバーベキューをしていたところ、バーベキューの火が燃え広がって、学生の洋服に燃え移り、その後死亡しました。火を起こすドラム缶の1つの火が弱かったため、教員が持ってきていた消毒用アルコールを加えたところ、火柱が上がったということです。

消毒用アルコールの主成分であるエタノールは、急激に燃え広がる性質があり、さらに目で見えにくい青い炎が上がるので、目で見た以上に激しく燃えている可能性があります。決して消毒用アルコールを着火剤や助燃材として用いたりしないことです。また、発火・爆発の危険性があるのは消毒用のボトルに入れられたエタノールも同じです。このエタノールで濡れた手を火にかざしたら、手が青い炎で包まれるでしょう。また、ボトルを石油ストーブの上に置いたら、ボトルが溶けてアルコールに火がつき、爆発となります。

SECTION 21

化学薬品による爆発の恐怖

「まぜるな危険」は家庭にある化学薬品を混ぜると化学反応が起こり、危険な化学物質が発生する恐れがあることをいったものです。では、どのような危険性があるのでしょうか。

塩素の発生反応

よく知られているのは漂白剤と洗剤の混合です。家庭用の漂白剤は塩素系・酸素系漂白剤といわれるもので、主な成分は次亜塩素酸（KClO）です。また、漂白剤と混ぜてはいけない洗剤はトイレの洗剤であり、これの主成分は塩酸（HCl）です。この2種の薬

●「まぜるな危険」マーク

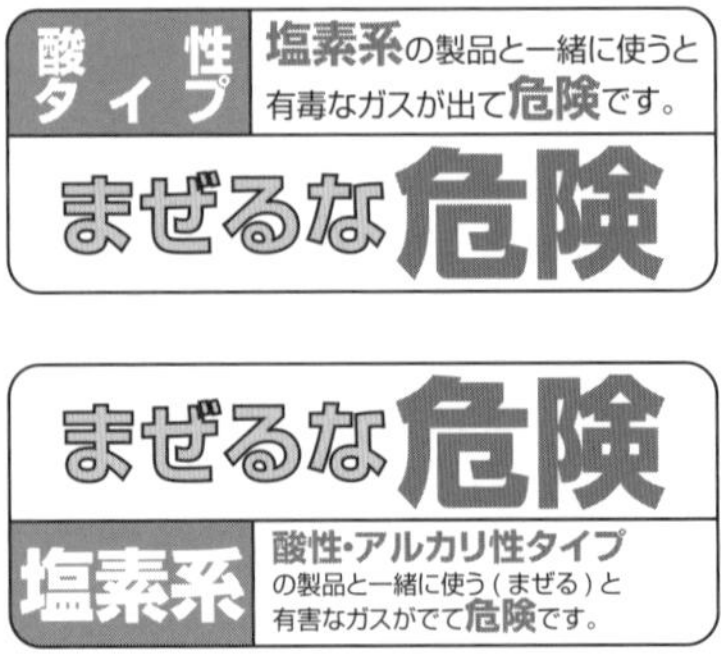

酸性タイプ
塩素系の製品と一緒に使うと有毒なガスが出て危険です。
まぜるな危険
まぜるな危険
塩素系
酸性・アルカリ性タイプの製品と一緒に使う（まぜる）と有害なガスがでて危険です。

品を混ぜると下図の反応が進行し、塩素ガス（Cl_2）が発生します。

塩素ガスは淡緑色の気体であり、大変に危険です。第一次世界大戦においてドイツ軍が塩素を毒ガスとして用いたことからもその危険性がわかります。

塩素がトイレや風呂場のような密閉性の高い空間で発生したら、中にいる人は大変なことになります。命を落とす可能性もあります。同時にこの反応は気体発生反応ですから、もしガラス瓶の中などで混ぜたら、瓶が爆発する可能性があります。

硫化水素の発生反応

さらに危険なのは、ある種の入浴剤とトイレの洗剤の混合です。入浴剤の成分がトイレ洗剤の塩酸（HCl）と発生して硫化水素（H_2S）を発生します。

硫化水素は致死性の危険ガスです。硫化水素は濃度が薄いときは匂

●塩素の発生

$$KClO + 2HCl \longrightarrow KCl + H_2O + Cl_2$$

次亜塩素酸　塩酸　塩素ガス

いがしますが、命にかかわるような濃度になると嗅覚がマヒして匂いを感じなくなるといいます。しかも、比重が空気より大きいので(空気に対する比重1・2)、患者の衣服の中などに硫化水素が残っていることがあり、救助しようとした人が二次被害にあうことがあります。もちろん、気体発生反応ですから爆発する恐れもあります。

アルミ缶爆発

先に見た東京の地下鉄でのアルミ缶破裂事故で爆発した水素は爆発性のガスです。この事故では周囲に火気がなかったので缶の破裂だけですみましたが、もし火気があったら水素に火がついて爆発になっていたでしょう。アルミニウムは特殊な金属です。塩基(アルカリ)だけでなく、酸とも反応して水素ガスを発生します。アルミ缶にもとの内容物以外のものを入れるのは避けたほうが賢明です。

●水素の発生

$$2Al + 2NaOH + 6H_2O \longrightarrow 2Na[Al(OH)_4] + 3H_2$$

アルミニウム　　　　　水素ガス

Chapter. 4
現代社会の爆薬の活用と開発

SECTION 22

土木工事と爆薬

爆薬は土木・建築工事、鉱山掘削、金属の爆着、花火、自動車のエアバッグ、信号・照明など現代社会のいたるところで使われています。中でも、土木工事は爆薬の最も活躍する舞台でしょう。山を崩して宅地を作ったり、穴を掘ってトンネルにしたり、不要になった建築物を破壊して新しい建築のための場所を提供するのも爆薬です。

運河建設

世界的な運河建設といえばスエズ運河とパナマ運河です。10年の工期を費やしたスエズ運河ができたのは1869年でした。当時、土木工事に有効な爆薬は開発されていませんでした。工事主任のレセップスは、人力を指揮し蒸気機関による重機を用いて運河を作りました。

1880年、スエズ運河の成功に気をよくしたレセップスは、パナマ運河の掘削に取りかかりました。しかし、マラリアや黄熱病によって労働者が次々と倒れ、工事は中断し失敗しました。その後、1903年に工事を継いだのがアメリカでした。アメリカに幸いしたのはノーベルがダイナマイトを発明したことでした。

●パナマ運河

パナマ運河もほぼ10年の工期の後、1914年に完成しましたが、それはダイナマイトのおかげでした。工事で使用したダイナマイトの量は膨大であり、ダイナマイトの原料であるグリセリンが不足し、さらにその原料の綿実油の相場が上がったと記録されています。

トンネル掘削

山を崩したりトンネルを掘るのにも爆薬が使われます。トンネル掘削には最新式の掘削機もありますが、高価なためトンネル掘削の主役は、やはり爆薬による破砕になります。このような工事に用いる爆薬には、ダイナマイトの他に、含水爆薬や一般にアンホ爆薬といわれる硝安油剤爆薬などがあります。アンホ爆薬は硝酸アンモニウム（NH_4NO_3）とある種の可燃性液体の混合物で、爆発力が大きく経費が安いので、土木工事などによく用いられます。現在ではダイナマイトの3倍の量のアンホ爆薬が使用されているといいます。

爆破解体

不要になった建築物を爆発によって取り除く工法を爆破解体といいます。この方法では、建築物の倒壊に際して、上部構造が下部構造を押し潰して破壊が連鎖的に進行するように、綿密に計算して爆破を行います。そのため爆発物を計画的に設置し、それぞれの爆発物が爆発する時間を秒単位で設定します。起爆には確実で誤差の少ない電気雷管を使用します。爆破解体では、予定された方向への倒壊を促すため、発破の事前に鉄筋や鉄骨を切断しておくなどの準備作業を行い、次に爆薬をセットするための穴をコンクリート構造に穿つ作業を行います。

核爆弾の利用

大型の土木工事を行うには、大量の爆薬が必要になります。そこで、旧ソビエトでは、大爆発を起こすために原子爆弾や水素爆弾の核爆弾を利用した実験が実際に行われました。1965年には、現在のカザフスタンにあるチャガンで核実験が行われ、直径408m、深さ100mに達する巨大な貯水池が形成されました。1976年にはシベリアから北極海に注ぐ河川を逆流させ中央アジアの乾燥地帯に注ぐプロジェクトを計画し、ペチョラ川とカマ川間を3個の核爆薬で掘削し、深さ3~5m、幅350m、長さ700mの溝が形成されました。しかし、海外からの強い批判を受けて工事は中止となりました。

SECTION 23

ニトログリセリンとダイナマイト

土木工事や鉱山などでかつて大量に使われたダイナマイトはニトログリセリンという爆薬を用いたものです。

ニトログリセリンの合成

ニトログリセリンはグリセリンをニトロ化したものです。グリセリンというのは油脂を構成するアルコールのことで、油脂はどのようなものでも、すべてグリセリンを持っています。すなわち、植物の油脂でも動物の油脂でも、油脂はすべてグリセリンの構造を持っているのです。違いはRの部分です。Rの違いによって植物の油脂、動物の油脂などになります。ですから、油脂を食べれば、

●グリセリンの構造

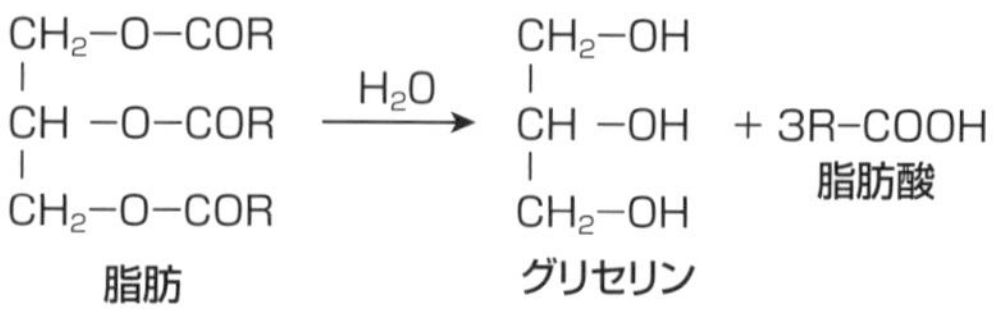

胃の中で胃酸によって加水分解が進行し、グリセリンと脂肪酸になります。このグリセリンに硝酸を作用するとニトログリセリンになるのです。この反応は一般にエステル化といわれるものです。アルコールの置換基ОＨと、酸の置換基ОＨの間で水(H_2O)が外れて結合したもので、あとに１個のＯが残ります。そのため、トリニトロトルエンでは$C-NO_2$とニトロ基が炭素に直接結合していましたが、ニトログリセリンでは$C-O-NO_2$と炭素とニトロ基の間に酸素が挟まっています。

ニトログリセリンの物性

ニトログリセリンは無色で粘稠な液体です。比重が1・6なので水より重いです。融点は14℃で

●硝酸エステル

$$\underset{\text{アルコール}}{R-O}\boxed{-H + H-O-}\underset{\text{硝酸}}{NO_2} \longrightarrow \underset{\text{硝酸エステル}}{R-O-NO_2} + H_2O$$

●ニトログリセリン

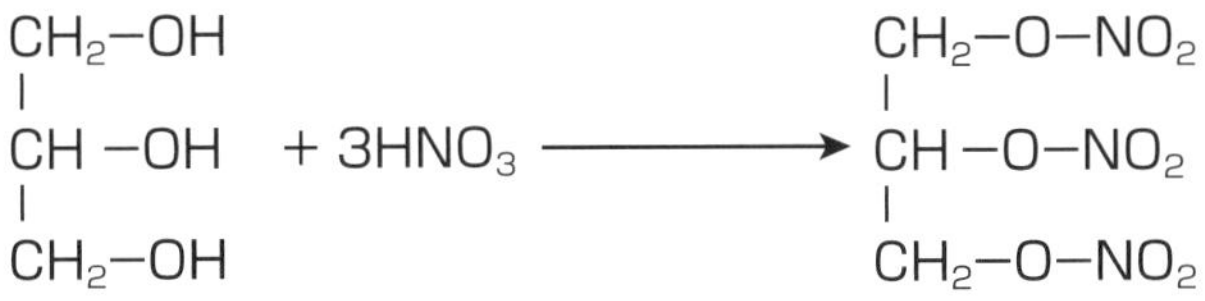

グリセリン　硝酸　ニトログリセリン

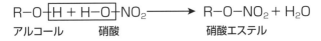

すが、実際に凍って固体になるのは8℃で、それが融けるのが14℃です。

トリニトロトルエンは、1個の分子中に6個の酸素があります。しかし、ニトログリセリンは9個の酸素を持っています。ニトログリセリンは危険な物質で、非常に不安定で衝撃を与えただけで爆発します。したがって、ニトログリセリンをそのままの形で取り扱うことはなく、必ず何かで薄めるとか、吸着させるなどして扱います。

ニトログリセリンを、太古の単細胞生物の化石である珪藻土に吸着させると安定化します。一方、信管などで爆発させると強大な爆発をすることを発見したのがノーベルであり、この製品をダイナマイトと名付けて市販しました。それによって得た莫大な財産の運用益で運営されるのがノーベル賞であることはよく知られています。ニトログリセリンは、プラスチック爆弾の原料としても用いられます。また、銃やロケット弾などの推進役に用いられるダブルベース、トリプルベース火薬の原料でもあります。

狭心症の特効薬

ニトログリセリンのもう1つの特徴は、狭心症の特効薬であるということです。ニトログリセリンと安定剤の混合物を加工したものは通称「ニトロ」といわれ、狭心症の持病を持つ人は、発作が起きたら舐めると直ちに発作が治まるといいます。

ニトログリセリンのこのような効用が発見されたのは、ダイナマイト製造工場だったといわれます。工場に狭心症の持病を持つ工員がいましたが、彼は家では発作を起こしますが、工場で起こしたことがありませんでした。そこで、発作とニトログリセリンの関係を詳しく調べたところ、ニトログリセリンは血管を拡張する作用があることがわかりました。ニトログリセリンは、体内に入ると分解されて一酸化窒素（NO）になります。これが血管拡張作用を持っていたのです。

一酸化窒素は気体です。アデノイドを起こして青白くなった赤ちゃんの人工呼吸器に一酸化窒素を混ぜると、途端に顔色がバラ色になるといいます。この効果を発見したイグナロ、ムラド、ファーチゴットの3人は1998年にノーベル賞を受賞しました。ノーベル賞が制定されたのが1901年ですので、それからほぼ100年後に、ノーベル賞の元になったダイナマイトの原料であるニトログリセリンが、ノーベル賞に輝いたということで話題になりました。

SECTION 24

花火と爆薬

夏の夜空を彩る花火はまさしく爆薬を用いた芸術です。花火は世界中にありますが、日本の花火技術は世界一だといわれています。花火には打ち上げ花火、仕掛け花火、線香花火、爆竹などさまざまな種類があります。

花火について

火薬によって高空に打ち上げられた花火玉が炸裂し、色とりどりの火花が菊の花のように同心円状の光の輪を作る打ち上げ花火は、日本の花火の中心的なものです。

花火玉の直径を昔の尺寸法（1寸＝約3㎝、10寸＝1尺）で表し、5寸玉（5号玉）、1尺玉（10号玉）などと表現します。三尺玉は、花火が開いたときの直径が約650ｍに達する巨大なことで有名です。さらに大きな4尺玉は直径が約750ｍ以上にもなる大花火で新潟県の片貝まつりで打ち上がります。

花火玉の構造

日本の花火は、色とりどりの火花が規則正しく配置されるのが特徴で、それは、花火玉の構造にあります。

①花火の色

花火の色は、金属が燃えるときに出す炎色反応によるものです。表に示すように、金属は燃えるときに特有の色を出します。これを巧みに利用したのが日本の花火なのです。

●金属の炎色反応

化合物	炎色反応の色
Li(リチウム)	深赤
Na(ナトリウム)	黄
K(カリウム)	赤紫
Rb(ルビジウム)	深赤
Cs(セシウム)	青赤
Ca(カルシウム)	橙赤
Sr(ストロンチウム)	深赤
Ba(バリウム)	黄緑
Cu(銅)	青緑
In(インジウム)	深青
Tl(タリウム)	黄緑

②ホシ

開いた花火の形が菊の花のように同心円状に広がるのは、花火師の腕によるものです。花火師は、花火の原料となる黒色火薬を丸めて直径数㎝の「ホシ」といわれる球を作ります。このホシの火薬に適当な金属粉を混ぜて色をつけるのです。

③位置

花火玉は和紙を貼り重ねて作った球状のものです。問題は、この内部構造で、和紙でできた半球状の容器の中に、一番外側に青くなるホシを敷き詰めて、その上に赤いホシを敷き詰めるというように、層状にホシを敷き詰めていくのです。ホシを規則的に敷き詰めていく作業は、日本ならではの職人仕事です。最後に敷き詰めたホシの中心部に爆発用の

●花火玉の構造

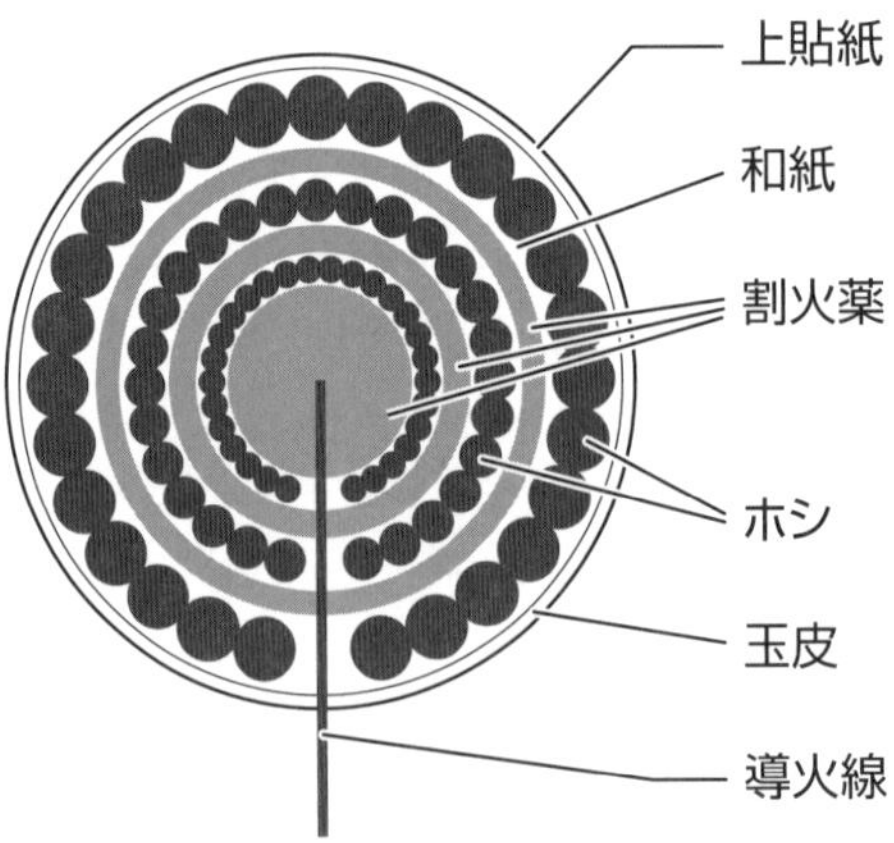

火薬をセットし、そこから導火線を伸ばして、花火玉の外に伸ばします。

打ち上げ花火

このようにして作った花火玉は、打ち上げ筒から打ち上げられます。この火薬も一般的には黒色火薬を使います。打ち上げれた花火玉は高空に達し、そこで導火線の火が花火玉の中心にある火薬に火がつき、すべてのホシが爆発するのです。

最近の花火は開いたときにハート形になったり、キャラクターの顔になったりする花火もありますが、それはすべて球形容器に詰めるホシの位置関係によります。当然ながら、正面から見たらハート形でも、真横から見たら、ただの一直線にしか見えないわけです。

仕掛け花火

地上で数分間にわたって燃え続けるカーテン状の花火を、一般に仕掛け花火といいます。これは焔管といわれる和紙などで作った管状の容器にホシと同じ火薬を詰め、それを金網などで作った枠の上にデザインに沿って配置します。そして、導火線によって同時に何カ所か着火し、文字や絵を浮かびあがらせる花火です。

線香花火

線香花火は、細長い短冊状の和紙に火薬をのせてひねって紙縒り状にした花火で、線香花火の原料は硝酸ナトリウム、松煙、麻炭などです。松煙は松の切り株を燃やして採った油煙です。麻炭は麻の樹皮をはぎ取った後の樹幹、麻幹を炭にしたものです。これらは軟らかく多孔質なので、線香花火を燃やしたときに最初にできる赤い玉（ボタン）を作るのに重要な原料です。

線香花火に火をつけると、火薬類が溶けて液体状の塊になります。この中で火薬が爆発すると塊が砕けて飛び散り、その小さい塊がまた砕けます。このように、輝く塊が飛ぶと目の残像現象によって輝く線になって見えます。これが枝分かれになって、線香花火特有の松の枝のような姿になるのです。

SECTION 25

宇宙開発と爆薬

宇宙開発といえば、現代科学の最先端の技術です。一方、爆薬の開発は、土木工事、花火などといった、ひと昔前の技術のようなイメージがありますが、爆薬こそ宇宙開発の最前線なのです。

ロケット

宇宙に乗り出すためには、空中を飛ばなければなりません。空中を飛ぶ乗り物としては、プロペラ機やジェット機などがあります。

プロペラ機は、船の推進装置であるスクリューと同じように、空気を掻き回して推進力を得る乗り物です。しかし、宇宙空間には空気がありません。プロペラ機で宇宙開発というのは無理な話です。ジェット機は、燃料を爆発的に燃やして、その排気ガスの噴出力で推進力を得る乗り物です。燃料を燃やすためには酸素（空気）が必要です。空気のない宇宙空間では、燃料が燃えません。ジェット機も宇宙開発には使うことができません。それでは宇宙空間の乗り物はどうしたらいいのでしょうか。それは、ジェット機の燃料に酸素を混ぜれば解決します。そうすれば、外部の酸素に頼らなくても、自前で用意した燃料の酸素で爆発させ、その反動で推進することができます。このように、燃料と酸素を自前で備えて飛ぶ飛行体を一般に「ロケット」といいます。宇宙開発に使う乗り物は、少なくとも現在はすべてがロケット式です。

ロケット燃料

ロケットの燃料（爆薬）には、固体と液体があり、それぞれを用いるロケットを「固体ロケット」「液体ロケット」といいます。

①固体ロケット

固体ロケットの燃料（推進剤）は、燃料と酸化剤を混ぜて錬り合わせたものです。単純な固体燃料ロケットは主にケース、ノズル、推進剤、点火器で構成されています。使用時にはポンプなどの機械部品で燃料を燃焼室に移送することなく、ロケット内部の燃料へそのまま点火します。初期の固体ロケットには黒色火薬が用いられましたが、その後、ニトロセルロースとニトログリセリンを主体としたダブルベース火薬が登場し、旧軍のロケット兵器ではこれが用いられていました。

第二次大戦後には、コンポジット推進剤が開発されました。これは合成ゴム系の材料とアルミニウムなどの金属粉、及び酸化剤を混ぜたもので、酸化剤としては過マンガン酸カリウム（$KMnO_4$）や過塩素酸アンモニウム（NH_4ClO_4）などが用いられています。固体ロケットには大陸間弾道弾（ＩＣＢＭ）やミサイルなどの軍用品もあります。

②液体ロケット

液体ロケットでは、燃料と酸化剤は両方とも液体です。なお、燃料と酸化剤が、固体と液体のロケットはハイブリッドロケットといいます。

液体ロケットは、燃料と酸化剤をタンクに貯蔵し、それをエンジンの燃焼室で適宜混合して燃焼させます。それだけに固体燃料ロケットより機構が複雑で信頼性に欠けますが、混合させるだけで自己着火するハイパーゴリック推進剤を使ったロケットの構造は比較的単純になります。

さらに、人工衛星の姿勢制御エンジンなどの一部には過酸化水素（H_2O_2）やヒドラジン（H_2N-NH_2）のように自己分解を起こす推進剤を触媒などで分解して噴射する一液式のタイプもあります。

●液体ロケット

第二次世界大戦で使用されたV2ロケットは、酸化剤として液体酸素、燃料としてエタノール75％と水25％の混合物を使用していましたが、戦後のミサイルでは、燃料はケロシン（ガソリンの一種）やヒドラジン系、酸化剤は硝酸系に置き換わりました。なお、日本のH3ロケットは液体酸素と液体水素を用いています。

SECTION 26

現代産業と爆薬

爆薬は、現代産業のさまざまな分野で活躍しています。自動車のエアバッグや爆薬発電機、鉱山の採掘などでも爆薬が利用されています。

エアバッグ

最も私たちの身近なものといえば自動車のエアバッグではないでしょうか。自動車が衝突したときにすかさず膨らんで、乗員の体を支え、衝突のショックから身を守ってくれる装置です。衝突は瞬時に起こります。エアバッグはその瞬間に開かなければ意味がありません。そのためには一瞬のうちに、0・01秒の単位で風船のようなものに空気を吹き込まなければなりません。こんなことができるのは爆薬だけです。エアバッグは火薬の爆発によって開くのです。

エアバッグに使う爆薬は、初期のころはアジ化ナトリウム（NaN_3）が使用されていましが、アジ化ナトリウムの毒性が明らかになり、毒物に指定された2000年以降は使用できなくなりました。

発電

瞬間的な大電力を得る方法として爆薬発電機があります。これは、火薬の爆発によってアルゴンガスを圧縮して温度10万℃、電子密度10^{20}個/cm^3の高温高密度のプラズマを発生させ、これを特別な発電装置へ送り込むことで、フレミングの左手の法則にしたがって発電するものです。爆発エネルギーの30%近くを電力に換えることができます。軍用としてレーザーの電源などに用いる他、民生用でも非常用発電装置として注目されています。しかし、構造と原理上、寿命が短いことが欠点で短期間で発電装置ごと交換するような使用法になってしまいます。

その他の活用

① 鉱山の採掘

鉱山の採掘に爆薬は欠かせません。以前はダイナマイトの独壇場でしたが、最近は爆発力が強くて単価の安いスラリー爆薬やアンホ爆薬が用いられています。

② 金属加工

金属を成形する方法として、水中などに爆薬を入れて爆発させて金型に押し付けるという方法があります。通常の方法では溶接できない2種類の金属を溶接する切り札として、爆薬の力で溶接させる爆着という方法です。

爆発によって生じた大きな圧力が、2種類の金属を原子レベルで圧着します。接合面は一般に波状になるので、接触面が広くなり、非常に強い接合になります。爆着の良い点は、何種類もの金属を接合できることです。これは、液化天然ガスを扱うプラントなどで使われている5層構造の金属配管の製造などに使われています。

爆着は溶接などと違い、材料同士が冷たい状態で接着されるため材料が熱で変化しないというメリットがあります。そのため、物性に大きな差のある金属間での圧着が可能です。

爆着では、従来の溶接では接合不可能な金属をきわめて強固に接合することができます。たとえば、チタンと鉄や銅とアルミニウムの場合などに適しており、爆着後の圧延などの加工も可能です。

③ 照明や信号用

夜間の照明弾や信号弾などとして使用されるもので、強い光を発生する特殊火薬です。黒色火薬や過塩素酸アンモニウム、硝酸ストロンチウムなどを混合し、燃焼することによって、強力な光を出します。照明や信号用として利用されているものに、自動車などの発煙筒や発炎筒があります。発煙筒は大量の煙を出すので昼間用、発炎筒は強い光を出すので夜間用に使用します。

●発炎筒

SECTION 27

新しい高性能爆薬の開発

現代社会の発展にともない新しい能力が爆薬に求められていきます。研究者は、それに応えるべく、次々と新しい爆薬を開発してきました。ここではニトログリセリンやトリニトロトルエン以降に開発された新型の爆薬をご紹介します。

ニトロ誘導体

爆薬の主流は、ニトロ基(NO_2)を持ったものになります。ヘキソーゲン、オクトーゲンはプラスチック爆弾の主原料であり、またPBX爆薬として改質されるなど現代を代表する爆薬ですが、どれもニトロ基を持っています。これらの爆薬には、ニトロ基が窒素原子(N)に結合しているので、反応(爆発)に際してエネルギー的に安定な窒素分子(N_2)を発生しやすいことになります。それだけ、大きな爆発エネルギーを放出しやすいことを意味します。

また、プラスチック爆弾で有名なセムテックスの主原料であるペンスリットの構造は、1分子内にニトログリセリンの爆発主体である硝酸エステル部分の－ONO_2が4個も入っています。この分子は爆発力は大きいですが、熱に対して鈍感であり、しかも自然分解を起こしにくいなど優れた特徴を持っています。

1998年にスウェーデンで開発された新しい爆薬に「FOX」があります。これはヘキソーゲンと同等の性能を持つとみられていますが、注意すべき点は分子内にアミノ基(NH_2)とニトロ基(NO_2)を同数(この例では2個ずつ)持っていることです。このように、分子内にNH_2とNO_2の両方を持っている分子は、大きな爆発力と同時に高い安定性を持っていることが知られています。

●FOX

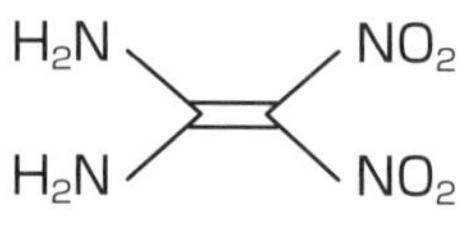

FOX

●ペンスリット

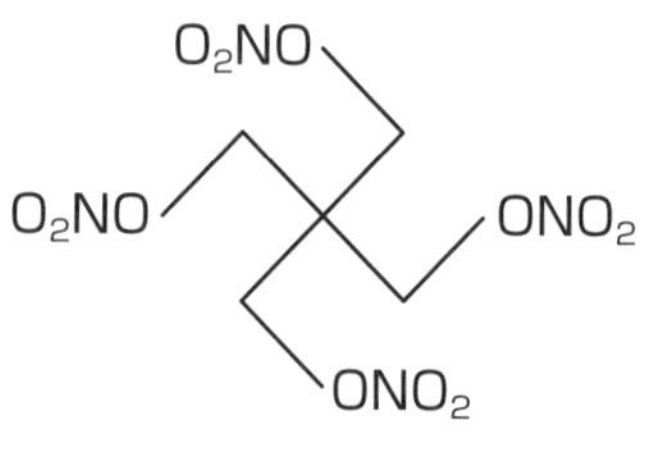

ペンスリット

これからの爆薬に求められることは、平時の安定性です。FOXは将来の爆薬の指針を示しているのかもしれません。

ひずみ骨格の爆薬

最近、ニトロ基に頼らない新しいコンセプトに基づく爆薬も開発されています。主流は、分子ひずみを利用した爆薬で、その1つはすでに合成に成功している「ヘキサニトロヘキサアザイソウルチタン(HNIW)」という舌を噛みそうな名前の分子です。これは複雑なケージ状(籠状)分子であり、原子は伸縮や振動運動の自由度がない分、構造上のストレス(ひずみ)を持っています。爆発はそのストレスを解放してくれるので、それだけ爆

●ひずみ骨格による爆薬

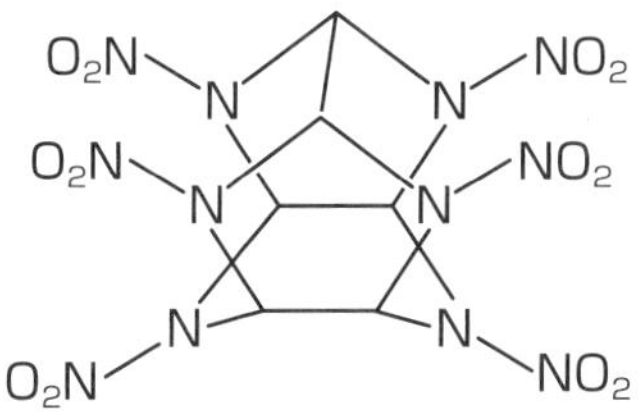

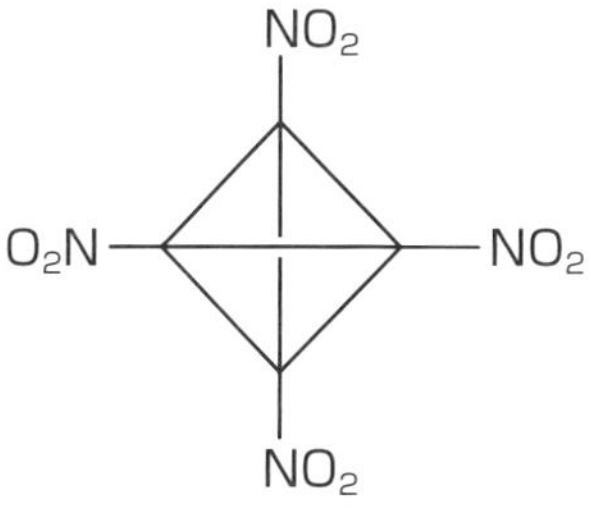

発力は大きくなります。ＨＮＩＷはＴＮＴの２・８倍の爆発力を持っています。

理論的に最大の爆発力を持つと考えられているのはテトラニトロテトラヘドロン（ＴＮＴＨ）ですが、この分子を構成する炭素骨格の結合角はすべて60度です。もし合成に成功したら、その単位重量当たりの爆発力はＴＮＴの４倍になると推定されています。

ニトロ基を持たない爆薬

ニトロ基を持たない爆薬として、「５－アミノテトラゾール」という分子があります。

他にもニトロ基を持たない爆薬として、過塩素酸アンモニウム（NH_4ClO_4）を酸化剤とし、ケイ素鉄と木粉を燃焼剤とする発明者のカールソンの名前からとった「カーリット」という爆薬があります。これは化学的に安定で自然分解しないという特徴があります。そのため、各種軍事用ロケットや宇宙開発用ロケットなどの燃料として用いられています。また、過酸化アセトンは簡単な構造ですが、１分子中に多くの酸素を含んでおり、ＴＮＴの80％程度の爆発力があるといわれています。

Chapter. 5
爆発は化学反応

SECTION 28

多くの爆発は酸化反応

爆発は爆薬が爆風や熱に変化して周囲の物体を破壊する現象です。爆薬は物質であり、分子の集合体です。つまり、爆発は分子が変化する現象(化学反応)の一種なのです。

爆発の多くは燃焼反応

これまで解説してきたように爆発には、多くの種類があります。火山の水蒸気爆発、ドライアイスを瓶に入れた爆発、天ぷら鍋の中のエビの尻尾の爆発などは気体の体積が膨張したことによる爆発です。アルミ缶に入れた洗剤の爆発は、アルミニウムと塩基の反応によって水素ガスが発生したことによる爆発です。

また、花火に用いる黒色火薬の爆発、ダイナマイトに用いるニトログリセリンの爆発、爆弾に用いるトリニトロトルエンの爆発などこれらはどれも爆薬による爆発です。

一般的に爆発というと、この火薬や爆薬による爆発をイメージするのではないでしょうか。

爆薬による爆発は、化学的に見ればすべて燃焼反応の一種です。簡単にいえば炭の燃焼のようなものです。炭が燃焼するときには熱が出て周囲を熱くし、光が出て明るく照らします。上昇気流が発生し、軽いものは舞い上がります。これらは爆薬による爆発と同じ現象で、爆発がおとなしくなっただけです。

酸化反応には酸素が必要

燃焼は酸化反応の一種です。酸化反応とは、物質が酸素と反応して酸化物になることです。つまり、炭素（C）が燃えるというのは、炭素（C）と酸素分子（O_2）が反応して酸化物である二酸化炭素（CO_2）になることです。この反応が進行するためには酸素がなければなりません。空気のない水中や宇宙空間で炭が燃えることはありません。爆薬も同じです。

●炭素の酸化反応

$$C + O_2 \longrightarrow CO_2$$

炭素　酸素　　二酸化炭素

爆薬が酸化反応を起こして燃えるためには酸素が必要です。

しかし、チロチロと燃える炭の燃焼と爆発的に燃える爆薬の燃焼は、燃焼の速度が違います。化学反応にも速度があり、これを反応速度といいます。炭の燃焼は反応速度の遅い反応です。それに対して爆発物の燃焼はとても反応速度の速い反応です。

ガソリンを専用のランプに入れて火をつけたら、一晩中明るく灯っています。しかし、それと同じ量のガソリンを床に撒いて火をつけたら、爆発してあっという間にガソリンは燃え尽きてしまいます。このように、酸化反応が燃焼になるか、爆発になるかは酸化の条件に依存するのです。

爆発には迅速な酸素供給が必須

燃料が燃え続けるためには、酸素が継続して供給されなければなりません。酸素の供給が悪かったら、炭は不完全燃焼をして一酸化炭素（CO）になり、中毒事件を起こします。爆薬も同じで、爆薬が燃え尽きるため

●一酸化炭素

$$2C + O_2 \longrightarrow \underset{\text{一酸化炭素}}{2CO}$$

にはその間中、充分な量の酸素が供給され続けることが必要です。しかし、爆発反応はものすごい速い反応で、反応が進行する一瞬の間に、充分な量の酸素を供給することは、空気中の酸素に頼っていたのでは無理です。

この問題を解決するには、ロケットの燃料と同じように、燃料と酸素供給材を一緒にして、燃料自体が酸素を補給するようにすればいいのです。爆薬はこれを1個の分子中に備えているのです。

硝石(KNO_3)は、1分子中に酸素原子を3個も持っています。トリニトロトルエンは、6個です。ニトログリセリンは、なんと9個も持っています。このように、燃料自体が酸素を持っていて燃やすことができるものが爆薬なのです。

●トリニトロトルエンとニトログリセリン

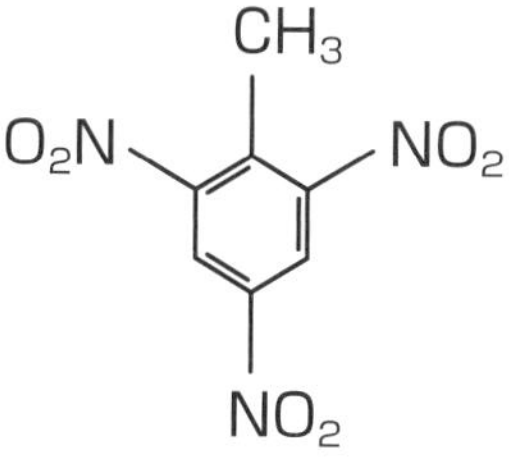

トリニトロトルエン

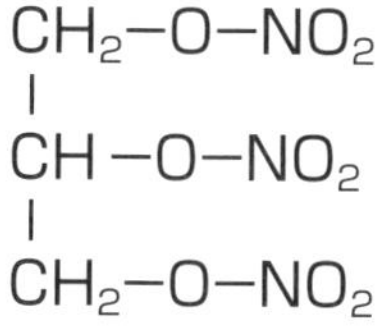

ニトログリセリン

SECTION 29

分子はエネルギーの塊

爆発は、物体などを破壊するすさまじいエネルギーです。このエネルギーはどこから生まれてくるのでしょうか。

分子のエネルギー

原子は、エネルギーを持っています。これを原子エネルギー(原子力)といいます。そのエネルギーが解き放たれたのが原子爆弾であり、原子力発電の原子炉です。

分子もエネルギーを持っています。分子は複数個の原子が結合したもので、すべての結合は結合エネルギーを持っています。結合エネルギーは、結合する原子によって異なります。すなわち、H—H、C—H、C—O、C—Nなどはすべて互いに異なった結合エネルギーで結合しているのです。

結合は、いつも同じ状態で変化しないものではありません。伸び縮み（伸縮振動）やV字型の分子なら角度を変化（変角振動）させ、結合回転も起こします。このようなエネルギーを分子の運動エネルギーといいます。もちろん、分子を作る原子も原子エネルギーを持っていますから、これらも分子のエネルギーに加わります。

●分子の運動エネルギー

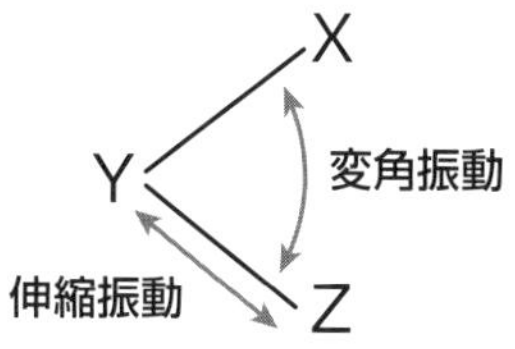

このように考えると、分子が持つエネルギーは膨大なものになります。その総量は誰も知りません。科学が進歩するにつれて新しいエネルギーが発見されるからです。分子が持つ総エネルギーのうち、重心の移動に伴う運動エネルギーを除いたものを、その分子の内部エネルギーといいます。

ひずみエネルギー

最新式の爆薬のエネルギーを考える場合に重要なのが、ひずみエネルギーといわれる内部エネルギーです。

たとえば、竹を手で曲げて手を離すと竹は勢いよく元に戻ります。この勢いを利用したのが弓です。そしてこれがひずみエネルギーなのです。手で曲げた状態の竹には大きなひずみエネルギーが溜まっています。手を放すと、このひずみエネルギーが解放されて弓の矢が飛びます。

炭素でできた分子の場合、互いに結合した3個の炭素が作る結合角∠CCCの適正値は109・5度です。これより大きくても、小さくても分子にはひずみが出ます。これを分子のひずみエネルギーというのです。たとえば下図は、炭素でできた分子の炭素部分(炭素骨格)だけを取り出したものです。109・5度のものが60度に押し曲げられているので、この分子は限界まで曲げられたことにより、大きなひずみエネルギーを内部に蓄えています。

●ひずみエネルギー

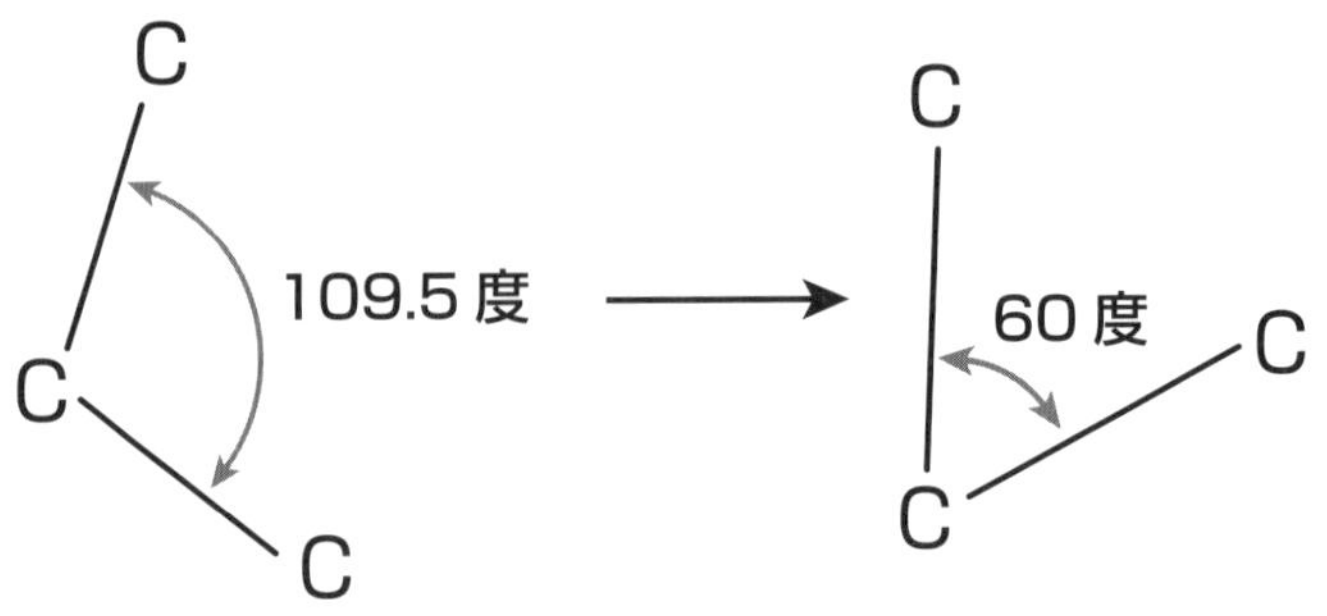

化学反応のエネルギー変化

分子の内部エネルギーは、分子によって異なります。化学反応は、ある分子Aが別の分子Bに変化する現象です。もちろんAとBの内部エネルギーは異なります。化学反応にはこのようなエネルギー変化が伴うのです。反応が進行して分子の内部エネルギーが変化すると、その差額のエネルギーは、反応エネルギーになり、燃焼の熱や爆発のエネルギーになります。

化学反応というと、分子の変化(A→B)だけに目がいきがちですが、決してそうではありません。化学反応には物質変化の側面と、エネルギー変化という2つの側面があり、常に連れ添って動いているのです。

カイロが熱くなるのはもちろん、簡易冷却パッドが冷たくなるのも、水銀灯やホタルが光り輝くのもすべては化学反応に伴うエネルギー変化なのです。そして、このエネルギー変化の側面が、暴力的に表れるのが爆発ということになります。

質量保存の法則

宇宙には、人間の知恵や活動を超えた約束が存在します。それを人間は「法則」「定理」といいます。科学的に考えた場合、そのような法則で最も基本的なものは「熱力学第一法則」といわれるもので「質量保存の法則」「質量不滅の法則」としてご存知の方もいると思います。

たとえば、密閉空間で体重100gのハムスターが10gのヒマワリの種を食べるとヒマワリの種は食べられて消滅したので、重量は0gになります。しかし、その10gはハムスターの体に入ったので、ハムスターの体重は110gになっています。このように、反応（ハムスターの食事）の前後を通じて、物質の量（質量）は変化しない、すなわち、保存されるというのがこの法則です。

ところが、アインシュタインが「物体はエネルギーに変化する」という法則を発見しました。しかも、その変換は下図のような単純な関係で表されるのです。

●アインシュタインが発見した法則

$$E = mc^2$$

Eはエネルギー、mは物質の質量（重量）、cは光速です。この式を用いると、質量不滅の法則は、エネルギーの総量は変化しないという意味でエネルギー保存の法則とみることもできるのです。

反応エネルギー

化学反応のエネルギー関係（エネルギー収支）もまったく同じです。分子Aが分子Bに変化する化学反応はA→Bと表されますが、この場合、矢印を挟んで両側のエネルギーの総和は変化しないのです。

①発熱反応

下図のⅠでは、出発系分子Aの内部エネルギー

●発熱反応に伴うエネルギーの変化

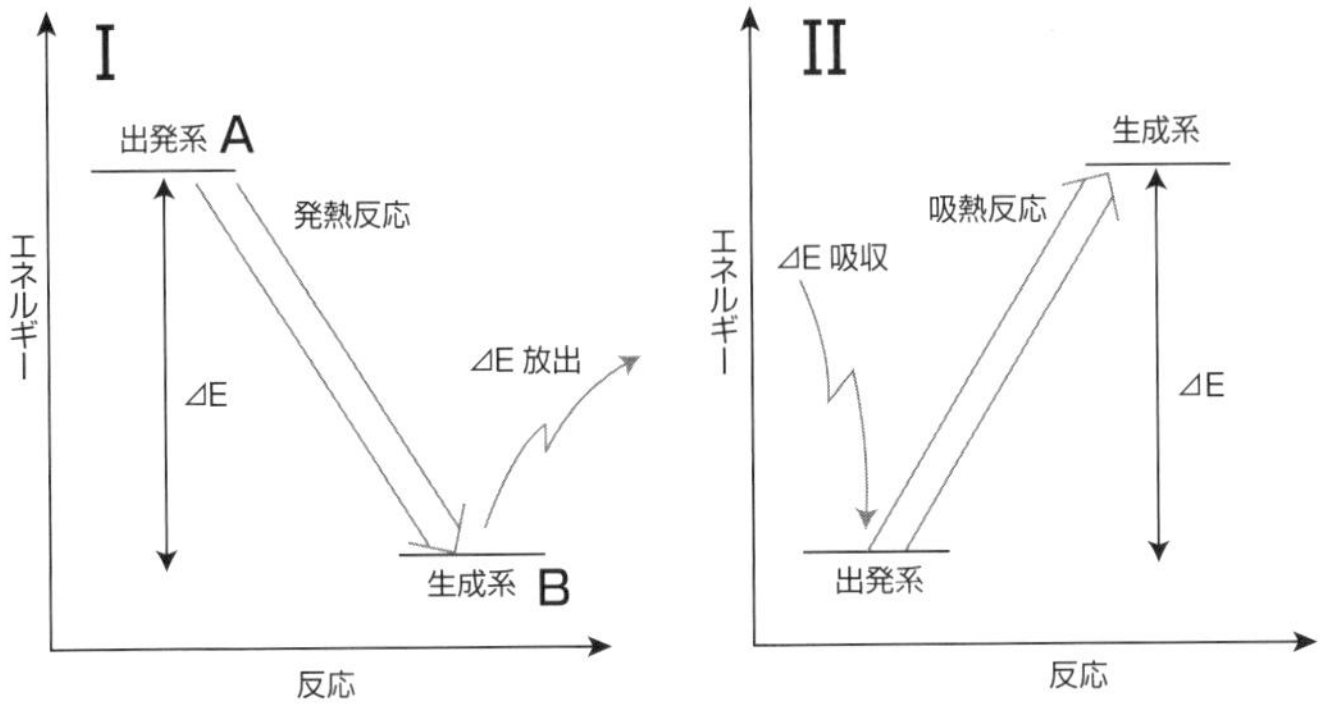

Eが生成系分子Bの内部エネルギーEより高くなっています。この結果反応がAからBに変化するとそのエネルギー差ΔEが外部に放出されることになります。放出されたエネルギーは、熱となって周囲を暖め、光となって照らします。このような反応を発熱反応、放出されたエネルギーを反応エネルギーといいます。よく知られた燃焼熱はこのようなエネルギーの一種です。

この関係は、位置エネルギーの高い2階から、位置エネルギーの低い1階にボールを落とすと、そのエネルギーの差で跳ね返るのと、まったく同じことです。

② 吸熱反応

ところが反応の中には、図Ⅱのように出発系より生成系の方がエネルギーが高い反応があります。火薬や化成肥料としてよく知られた硝酸カリウム(KNO_3)が水に溶けるのはこのような反応です。

この反応が進行するためには、反応系はエネルギー差ΔEを外部から吸収しなければなりません。すなわち、外部から熱を吸収して、外部を冷やすのです。このような反応を一般に吸熱反応、吸収されたエネルギーΔEを反応エネルギーといいます。簡易冷却パッドがこの反応を利用しています。

爆発のエネルギー

爆発反応は、典型的な発熱反応です。発熱反応によって発生したエネルギー差ΔEが爆発のエネルギーとなるのです。優れた爆薬はΔEの大きいものということができるでしょう。そのためには出発系、すなわち、爆薬はできるだけエネルギーの高いものが望まれます。これは不安定で壊れやすいものほど有利ということになります。

反対に生成系、すなわち、爆発後の生成分子はできるだけエネルギーの低い方が有利ということになります。このような分子としては、二酸化炭素（CO_2）や窒素分子（N_2）があげられます。

SECTION 30

活性化エネルギー

空気の体積の1/5は酸素です。炭が空気中の酸素と結合すれば、より安定な二酸化炭素になるはずです。しかし、炭は空気中に置いてあるだけでは燃えません。炭を燃焼させるためには、火をつける、すなわち加熱しなければなりません。熱を発生する燃焼反応を進行させるために、なぜ外部から熱を与える必要があるのでしょうか。

遷移状態

出発分子Aが生成分子Bに変化するとき、その途中段階で分子はどのような構造の状態になっているのでしょうか。

わかりやすいように炭(C)が酸素分子(O_2)と反応して二酸化炭素(CO_2)になる反応を考えてみましょう。

二酸化炭素の構造は、簡単にいえばO=C=Oで炭素が2個の酸素原子に挟まれた構造です。酸素分子の構造はO=Oなので、炭素Cが反応してO=C=Oになるためには、炭素が酸素分子の中間に割って入らなければなりません。

この反応は、それほど簡単な経路では進行しないということがわかります。実際、この反応は下図で示したように、途中で三角形の複雑な構造Tを通って進行しています(A→T→B)。この途中段階の構造を一般に「遷移状態」といいます。

活性化エネルギー

遷移状態には完全な結合はあまり存在せず、

●遷移状態

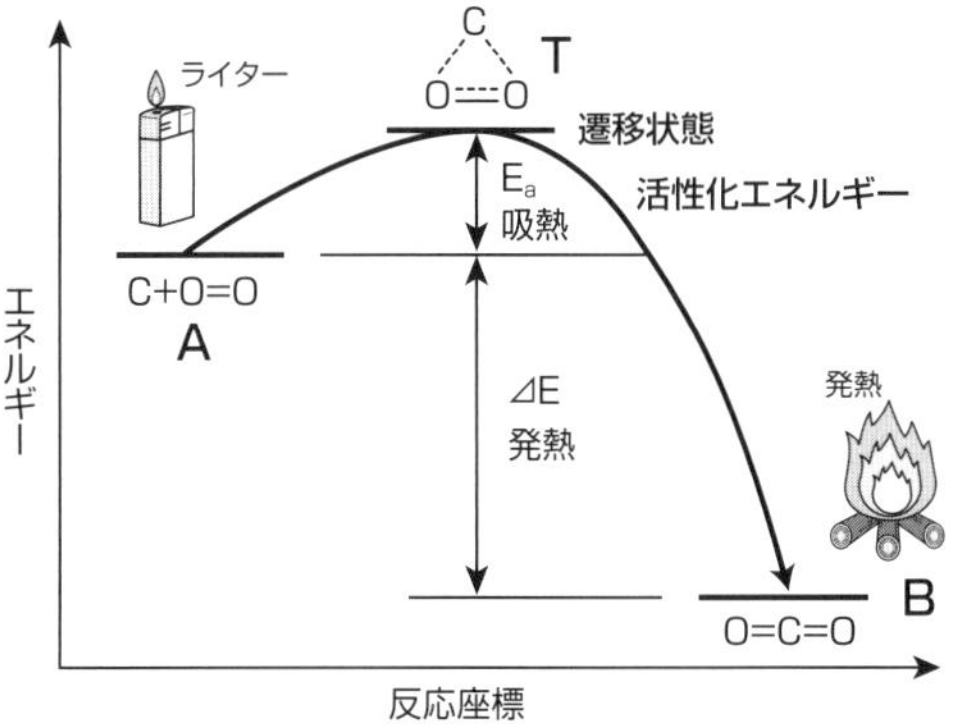

点線で書かれた不完全な結合が多いです。不完全な結合は不安定で高エネルギーです。そのため、遷移状態は高エネルギーなのです。遷移状態は出発分子、生成分子よりも高エネルギーです。

出発分子$C+O_2$が生成分子CO_2になるためには、途中で高エネルギーの遷移状態にならなければならないのです。このために必要とするエネルギーを活性化エネルギーE_aといいます。

炭を燃やすためにマッチで熱を与えるのは、この活性化エネルギーE_aを供給するからです。このエネルギーがなければ、反応は活性化エネルギーの峠を上ることができず、反応を進行することができません。

しかし、一度反応が進行したら反応エネルギーΔEが発生します。次からの反応は、このΔEでE_aをまかなって進行することができます。そして、ΔEとE_aの差が、実際の燃焼のエネルギーとして観察されることになります。これが化学反応のエネルギー関係なのです。

起爆剤

爆薬の場合も同様で、爆薬によって発生するエネルギーは反応エネルギーΔEです。しかし、その反応を起こすためには活性化エネルギーE_aが必要です。E_aはいわば神様が危険な爆薬に掛けてくれたカギなのかもしれません。カギを外さなければ爆薬は爆発しないのです。

多くの場合、このカギは簡単に外れてしまいます。昔は、火縄銃の縄(火縄)に灯した火でした。火縄を長くして爆発までの時間を調節したのが導火線です。近代の鉄砲では薬莢を強く打刻する機械エネルギーが活性化エネルギーのエネルギー源となりました。最近は、電気スパークによるものが主流になっているようです。

現在も工事現場で発見される不発弾というのは、第二次世界大戦で投下された爆弾の中で、起爆装置に不具合が起こって爆発しなかった爆弾です。つまり、爆薬そのものはまだ生きているのです。起爆装置を外す自衛隊は、まさしく命がけで任務を遂行しているのです。

SECTION 31

爆発の現象

爆発には、さまざまな種類があります。また、爆発性の気体である水素ガスに火がついても、必ず爆発するわけでもありません。爆発とはそもそもどのような現象なのでしょうか。

爆薬の爆発の種類

爆薬の爆発は、簡単にいえば急速な燃焼です。専門的には、燃焼による爆発のうち、炎の伝播速度（膨張速度）が音速に達しないものを爆燃、膨張速度が音速を超えるものを爆轟と区別します。

爆燃は衝撃波を伴わず、被害が比較的軽微です。それに対して爆薬が爆轟現象を起こすと、化学反応が超音速で未反応部分へ伝播していきます。この爆轟波は、爆薬を急速に高圧・高温のガスへと変化させます。そして内部から発生した爆轟波が爆薬の表面に達するとガスが急激に膨張し、衝撃波が発生して超音速で伝達し、その爆風が周囲の空気や構造物に被害を与えるのです。

爆轟を高速爆轟と低速爆轟に分けることもあります。高速爆轟では膨張速度が秒速3～9㎞であり、多くの爆発がこの種類になります。それに対して低速爆轟では秒速2㎞程度です。これはニトログリセリンのような液体爆薬や、ダイナマイトのようなゼラチン状の爆薬、あるいは黒色火薬などの初期爆発に多く、やがて高速爆轟に転移していきます。

気体爆発と圧力

部屋にガスが漏れたからといってすぐに爆発されたら大変です。少々のガス漏れなら、匂いがするだけで大したことにはなりません。問題はガスの量(圧力)です。水素ガスの燃焼と爆発は圧力によってどのように変化するのでしょうか。

水素と酸素の反応

水素H_2と酸素O_2は、下図の（式①）のように反応して水H_2Oになります。この反応はいくつかの段階に分かれて進行します。

まず水素と酸素が反応して2個のラジカル（遊離基）HO_2・とH・になります（式②）。この式で〃・〃は電子（ラジカル電子）を表します。

次にラジカルHO_2・がH_2と反応して、生成物の水H_2OとラジカルOH・を生成します（式③）。ここで生じたOH・と先に生じたH・は結合してH_2Oになる（式④）ということで、反応は終結するようにみえます。しかし、実際の反応はもっと複雑でH・はO_2と反応して新たなラジカルを生成し、OH・はH_2と反応してまた新しいラジカルを生成します。

●水素と酸素の反応

$$2H_2 + O_2 \longrightarrow 2H_2O \qquad (式①)$$

水素　酸素　　水

$$H_2 + O_2 \longrightarrow HO_2\cdot + H\cdot \qquad (式②)$$

$$HO_2\cdot + H_2 \longrightarrow H_2O + OH\cdot \qquad (式③)$$

$$\cdot OH + H\cdot \longrightarrow H_2O \qquad (式④)$$

水素爆発と気圧

現象としては一瞬で終わる水素爆発ですが、その反応は複雑です。下図は、水素(H_2)の爆発とその気圧の関係を表したものです。爆発のイメージからいって、爆発物である水素の圧力が大きくなればなるほど激しい爆発になると予想されますが、絶対温度(摂氏の温度から273℃を引いた温度)800K(ケルビン、絶対温度の目盛)で水素の圧力を上げていくと、圧力の小さい間(図のa～b)では、爆発に

●水素爆発と気圧

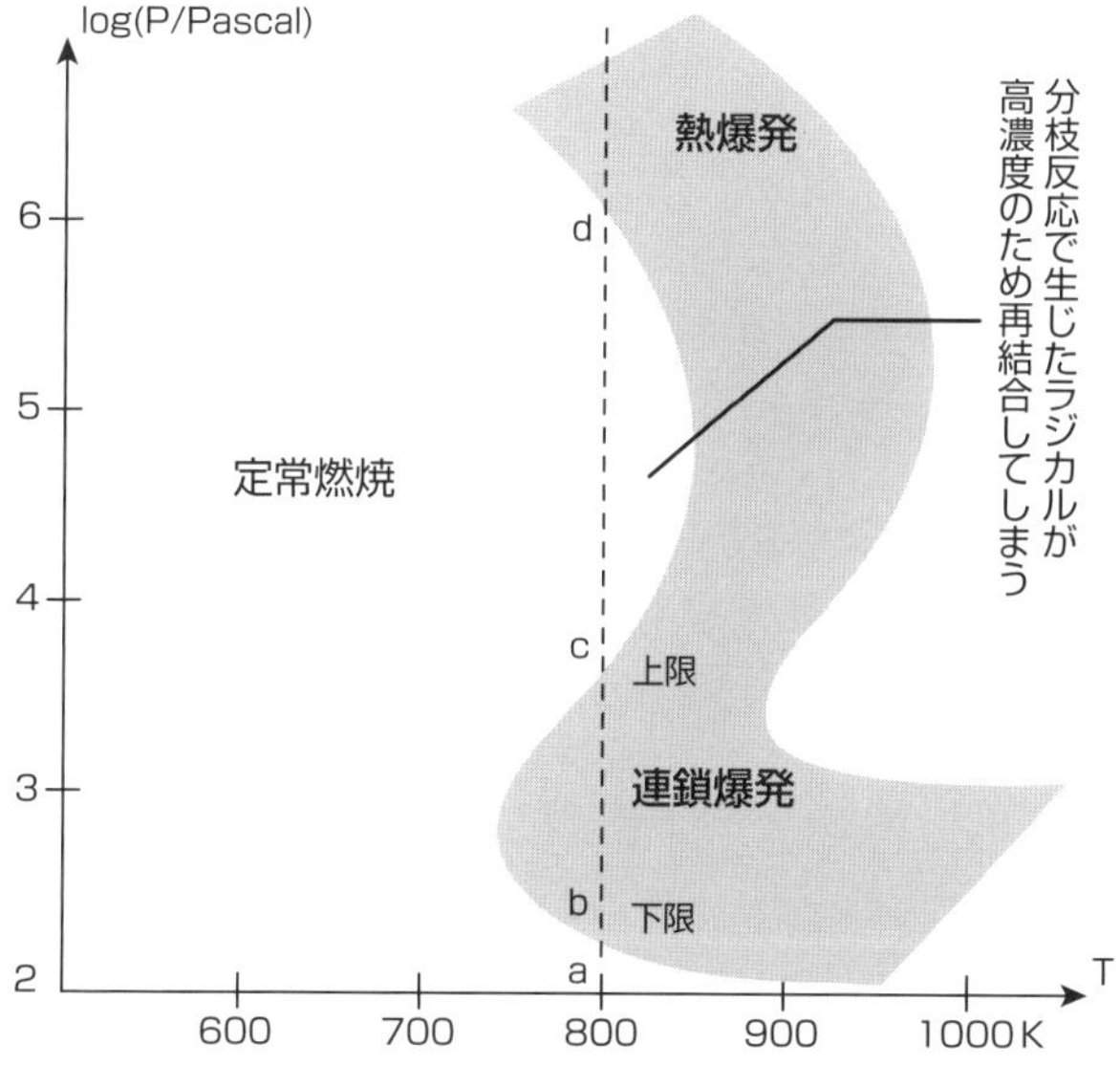

はなりません。水素が燃焼するだけです。つまり爆燃状態です。

しかし、圧力が上がってb以上になると爆発します。ところが圧力がさらに上がってcになると、また爆発ではなく、爆燃状態になるのです。この状態は圧力c〜dまで続きます。そして圧力がd以上になると、どんな場合でも爆発します。

なぜ、圧力がc〜dの間だけ爆発しなかったというのは、水素と酸素の反応（式④）の働きなのです。この式は2個のラジカル、OH・とH・を結合して安定物質のH_2Oにしています。この反応はいわば、反応持続のために大切なラジカルをなくしているのです。（式④）の働きが最も効果的になるのが圧力c〜dの間なのです。それより圧力が低くても、高くても爆発してしまうのです。

Chapter. 6
戦争と爆薬

SECTION 32

戦争で使われている爆薬

戦争では、長年使用されている爆薬から最近開発された試験的な火薬まで、あらゆるものが使用されます。

鉄砲の爆薬

戦争といえば思い浮かぶのは、銃や機関銃などでしょう。火縄銃の時代はともかく、現代の銃は、弾丸の推進役となる推進火薬は薬莢に入っており、銃弾と一体になっています。この薬莢付き銃弾を銃身に装填し、撃鉄で薬莢の尻を強打すると薬莢の中の推進火薬が爆発し、弾

●鉄砲の発射する仕組み

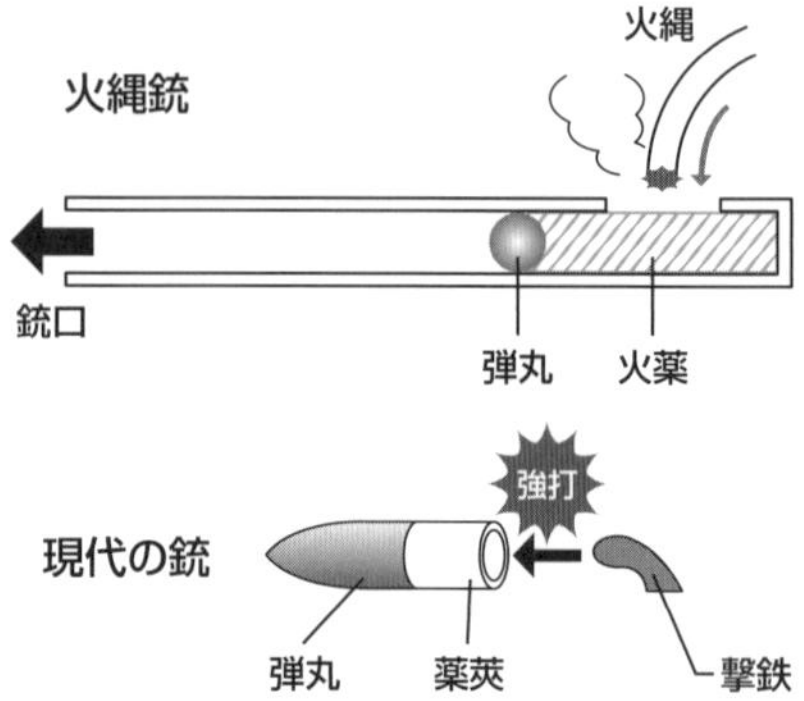

丸だけが銃身から発射されます。空になった薬莢は銃の尻から排出されます。

この推進火薬ですが、以前は黒色火薬が用いられました。しかし黒色火薬は発火や発煙が激しく、性能が思うほどでありません。そこで開発されたのが無煙火薬です。これはニトログリセリン、ニトロセルロース、ニトログアニジンの3つを基剤とした爆薬です。ニトログリセリンはダイナマイトの原料として有名です。ニトロセルロースは綿花薬ともいわれ、脱脂綿などの繊維を濃硝酸と濃硫酸の混酸によりニトロ化することで製造されます。

無煙火薬は「ニトロセルロース」だけを原料に用いた火薬」「ニトロセルロースとニト

●無煙火薬

ログリセリンを原料に用いた火薬」「3つの原料を用いた火薬」の3種類に大別され、それぞれをシングルベース火薬、ダブルベース火薬、トリプルベース火薬といいます。

爆弾の爆薬

①通常型爆弾

通常の爆弾の爆薬は、主にトリニトロトルエン（略称TNT）です。爆弾という鉄製密閉容器内で爆発することによって鉄製容器が粉砕し、その破片が銃弾のように飛散して敵に被害を与えます。したがって敵に与える被害の面から見れば機関銃のようなものとみることができます。

②燃料気化爆弾

燃料気化爆弾は、火薬ではなく燃料を爆発させるもので

●エチレンオキシドとプロピレンオキシド

エチレンオキシド

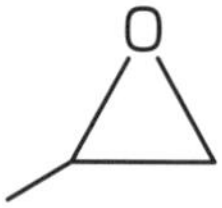

プロピレンオキシド

す。燃料としてはエチレンオキシド、プロピレンオキシドなどを用います。これらを入れた密閉容器内で通常火薬によって爆発を起こし、加圧沸騰させます。次の瞬間に密閉容器を開封し、燃料を空中に散布します。燃料は秒速2㎞のものすごい速度で拡散します。このため、数百kgの燃料であっても放出に要する時間は0・1秒に満たないといわれます。燃料の散布が完了して燃料の蒸気雲が形成された時点で燃料に着火して自由空間蒸気雲爆発を起こさせるというものです。敵陣に与える被害は強力な爆風が持続することによるものです。

火炎瓶

火炎瓶は、爆弾や爆薬とはいえませんが比較的簡単に製造でき、しかも敵軍の戦車や装甲車に火災を起こさせることのできる兵器として使用されています。日本では昔、学生運動で用いられたことで有名になりました。これはガソリンや灯油などの燃料をガラス瓶に入れ、火をつけて敵の車両などに投げつけます。すると瓶が割れてガソリンが飛び散り、爆発的に炎上するというものです。

SECTION 33

トリニトロトルエンと爆弾

現代の爆薬の典型は、トリニトロトルエン（TNT）です。TNT以外の爆発物の爆発の威力が、核爆弾を含めてTNTの爆発力に換算してTNT何トン相当と表現することからもわかります。

トリニトロトルエンの構造

トリニトロトルエンの分子構造は下図に示した通り、「カメノコ」と愛称される六角形の構造（ベンゼン環）に1個のメチル基（CH_3）と3個の

●トリニトロトルエンの分子構造

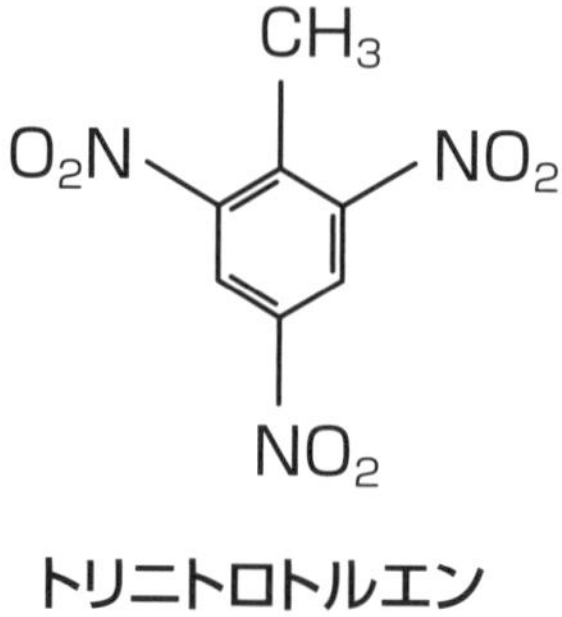

トリニトロトルエン

ニトロ基（NO_2）が付いています。

有機化学では化合物を基本部分と、付随部分に分けて考えます。付随部分の原子団は一般に置換基といいます。TNTで考えれば、六角形のベンゼン環は基本中の基本で、これにCH_3という原子団（メチル基）が付いたものをトルエンといいます。

トルエンは有機物を溶かす力が強いので有機溶剤（シンナー）の成分として用いられます。しかし、トルエンは毒性が強いので、扱いを間違うと死にいたります。

このトルエンに、ニトロ基（NO_2）という置換基を3個付けるとTNTになります。「トリニトロ」の〝トリ〟とはギリシア語の数詞で〝3〟を意味します。ニトロ基を3個持ったトルエン、これがトリニトロトルエンの名前が持つ意味なのです。

●ベンゼンとトルエンの分子構造

トリニトロトルエンの物性

TNTは融点80℃の黄色結晶です。比重は1・65ですから、水よりも重く、有機物としては重い方です。融点が低いので、砲弾に充填するときは液体として詰めることができます。これは取扱い上、有利なことです。また、安定しているので信管などで意図的に爆発させない限り、爆発することはほとんどありません。これもまた、保管や運搬上に有利な性質です。このようなことから、爆弾といえばトリニトロトルエンのイメージができたのです。燃焼した場合の反応式は下図のようになります。

TNTは燃焼すると大量の窒素ガス（N_2）を発生します。窒素ガスは安定・低エネルギーな物質です。このような低エネルギー物質を発生することが、TNTの爆発エネルギーの大きいことの理由なのです。実は、この原因はニトロ基（NO_2）にあります。

NO_2は置換基1個中に2個の酸素原子（O）を含んでいるので、爆薬

●トリニトロトルエンの燃焼

$$2C_7H_5N_3O_6 \longrightarrow 3N_2 + 5H_2O + 7CO + 7C$$

の自己燃焼に必要な酸素を供給することができます。さらに窒素原子（N）を含んでいるので、安定な窒素分子（N_2）を作ることができます。このようなことで、ニトロ基を持つ化合物、硝酸カリウム（KNO_3）、硝酸アンモニウム（NH_4NO_3）やニトログリセリンなどは助燃性や爆発性を持つのです。

ＴＮＴの合成は原理的には簡単です。化学工業の原料として一般的なトルエンに硝酸（HNO_3）と硫酸（H_2SO_4）を作用させるだけです。ＴＮＴの構造を見ると左右対称になっています。トルエンに、このような特定の位置にニトロ基を導入するのは大変と思う人は、化学者の素質があります。しかし、実験的には簡単です。ニトロ基はこの位置にしか導入されないのです。

下瀬火薬

１９０５年、日本軍は日露戦争においてバルチック艦隊を撃破しました。この要因は、爆薬にあったといわれます。この戦争で日本軍が用いた爆薬はＴＮＴではありませんでした。それは開発者の名前をとって「下瀬火薬」といわれるものでした。

これは一般にはピクリン酸という1分子中の酸素の個数がTNTより多いもので、爆発力はTNTより強かったのです。しかし、その後、下瀬火薬はTNTに代わりました。その理由は、ピクリン酸の母体がフェノールだからでした。フェノールは日本名「石炭酸」といわれるように酸性の物質です。ピクリン酸も酸性です。酸性の火薬を、鋼鉄でできた弾丸に詰めておくと弾丸は錆びて脆くなります。このような弾丸を銃身に詰めて発射したら危険ということで、時代はTNTに傾いたのです。

●下瀬火薬

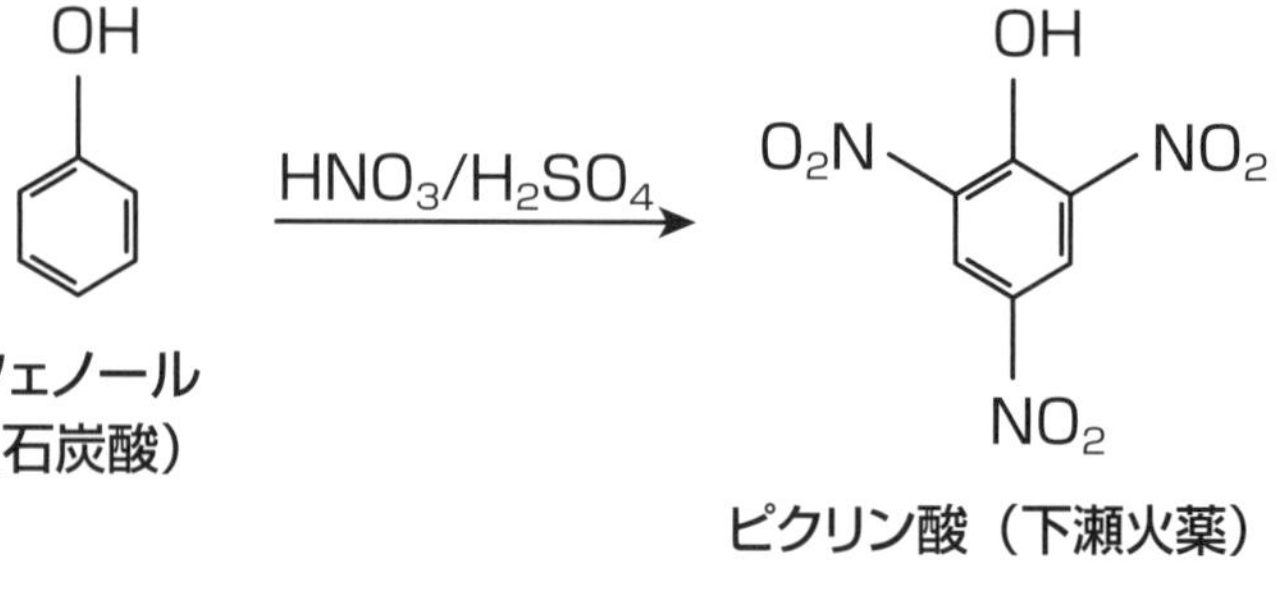

フェノール
（石炭酸）

ピクリン酸（下瀬火薬）

SECTION 34

プラスチック爆弾

第一次世界大戦以降、戦争の様子が大きく変化しました。それまでの互いに銃や大砲を撃ちあって破壊合戦をする戦争から、情報収集やスパイ活動が入り込み、次第にその比重が大きくなります。それにともなって、それまでのトリニトロトルエンに代わって、もっと融通の利く爆薬が求められるようになりました。

プラスチック爆薬の特徴

そのような要求に応えて開発されたのがプラスチック爆薬でした。プラスチック爆薬というのは、爆薬の混合物です。原料となる爆薬はどれも昔から使われてきたものばかりで、それを何種類かと可塑剤としてワックスなどを混ぜて練り合わせて粘土状にしたものです。

プラスチック爆薬の使い方は粘土と同じように、塊から好きな量だけちぎって丸めたりすることができます。これに起爆装置を付ければプラスチック爆弾になります。プラスチック爆薬は爆発するときに青みを帯びたオレンジ色の閃光を放ちます。しかし、起爆装置を使用しない限り爆発することはありません。

また、不要になったプラスチック爆薬は、マッチで火をつければ燃えてなくなります。爆発はしません。つまり、固形燃料として用いることもできます。これもまたプラスチック爆薬の有用な特徴の1つです。

●プラスチック爆弾

プラスチック爆薬の組成

プラスチック爆薬には多くの種類がありますが世界的に広く普及しているのはアメリカで開発されたC－4です。これの原料は大部分(90％)がヘキソーゲンといわれる爆薬です。これに、トリニトロトルエン、綿火薬ともいわれるニトロセルロース、オクトーゲン、ワックスなどを混合したものです。原料の配合割合によって硬いものから軟らかいものまで自由に作ることができます。ちなみに、プラスチック爆薬は甘い味がするそうで、味見をする兵士がいたそうです。そのため米軍では「プラスチック爆弾を食べないように」と兵士に通達を出したといいます。現在では、毒性の強いエチレングリコールジニトラートが加えられて、防止しているといわれています。

●ヘキソーゲンとオクトーゲン

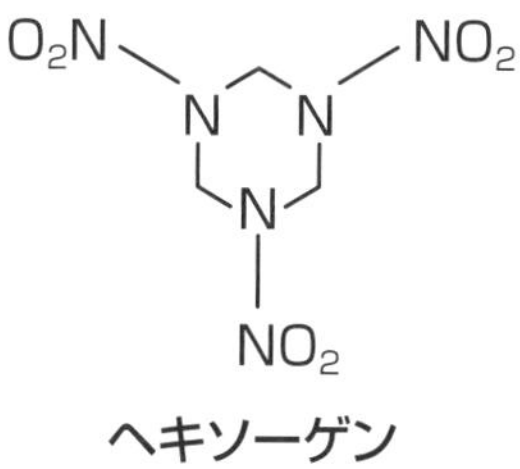
ヘキソーゲン

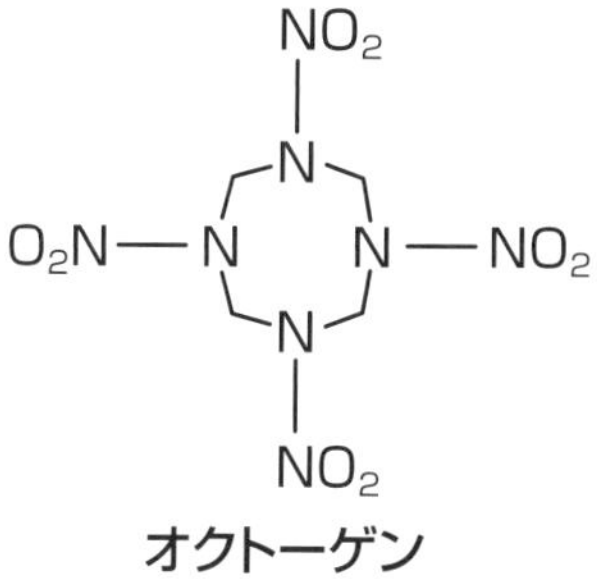
オクトーゲン

PBX爆薬

爆薬は、意図する場所や時間に爆発すれば問題ありませんが、それ以外での爆発は大変危険です。爆薬倉庫に火事が発生したり砲弾が落ちたなどいうことになると大変です。そこで、意図するときに強烈な爆発を起こすが、敵に射撃されても爆発しない爆薬はできないかという都合のいい要求に応えて開発されたのがPBX(Polymer bonded explosive)爆薬です。これは、ポリマーという高分子で爆薬を包んだものです。

PBX爆薬は、爆薬の粒子とナイロンやポリスチレンなどの高分子溶液を水中で混合し、その後、溶剤を気化させます。すると高分子でコーティングされた爆薬粒子が生成します。1950年ごろに、アメリカでヘキソーゲンやオクトーゲンなどの爆薬をコーティングする研究から始まったものです。現在では、ミサイルや爆弾などの爆薬として使用されています。

衝撃に対する感度は従来火薬の10〜40%程度しかなく、火がついても燃えるだけで爆発はしないそうです。

爆弾の種類

①ナパーム弾

主燃焼材のナフサにナパーム剤と呼ばれる増粘剤を添加し、ゼリー状にしたものを充填した油脂焼夷弾です。きわめて高温(900〜1300度)で燃焼し、広範囲を焼尽・破壊します。焼夷弾の一種で、太平洋戦争中の武器としては約10万人が死亡した東京大空襲など日本本土空襲でも使用されたM69焼夷弾等があります。

②クラスター爆弾

容器となる大型の弾体の中に複数の子弾を搭載した爆弾です。昔は親子爆弾と呼ばれました。それぞれが20kgを超えない爆発性子弾を散布または放出するよう設計された通常弾で、それらの爆発性子弾が含まれるものとされます

③地中貫通爆弾

航空機搭載爆弾の一種です。降下目標や地下の目標を破壊するために用いられ、

掩蔽壕破壊弾《えんぺいごうはかいだん》とも呼ばれます。高速で落下することでコンクリートや盛土などの遮蔽物を貫通し、目標に到達したのちに爆発します。遮蔽物の貫通能力は、自由落下のみの場合で粘土層を30m、ロケットブースターによる加速があった場合は鉄筋コンクリート壁を6・7m貫通します。

④電磁波爆弾

本来、原子爆弾の高高度核爆発によって発生するような強力な電磁波を少量のTNT爆薬程度の小さな爆発による爆薬発電機により、広範囲にわたって発生させる爆弾のことです。一般的に電磁パルス爆弾、EMP爆弾、EMP兵器と呼ばれます。電磁波爆弾を使うことで、周囲数百メートルから数キロメートル程度に存在する電子機器の基盤を破壊し、家電やコンピューター、自動車などを使用不可能にすることができます。科学兵器が多用される現代戦において非常に効果的であり、爆弾そのものは人体に影響しないという非殺傷兵器として知られます。

⑤ 劣化ウラン弾

大口径弾薬の構造は爆弾と同じで、鋼鉄製の容器内に爆薬が装填されています。劣化ウラン弾はこの容器を鋼鉄ではなく、「劣化ウラン」で作った砲弾のことをいいます。

ウランは原子爆弾や原子力発電で使う金属ウランUです。第7章「原子核の爆発」で見るようにウランには^{235}Uと^{238}Uの2種類の同位体があり、発電などの核エネルギー目的で使われるのは0.7%しかない^{235}Uのみであり、99.3%の^{238}Uは利用されません。そのため、分離された^{238}Uは「劣化ウラン」と呼ばれ、いわば利用先の無い不用品扱いをされています。

しかし、ウランは比重18.95と鉄(比重7.87)の2倍以上あります。そのため、劣化ウランで砲弾を作ると運動量が大きくなり、戦車の鉄鋼版を貫徹するとか、爆弾なら地中深く貫入してから爆発することになり、威力を増します。このような劣化ウランを用いた弾丸を一般に劣化ウラン弾といいます。しかし、^{238}Uも放射能は持っており、使用すれば戦場を放射線で汚染することが懸念されています。

テロリストの爆薬

現在、世界中の多くの地域で中規模、小規模の戦争が続き、テロによる爆破事件が起きています。

テロリストが実際によく使う爆弾は、プラスチック爆弾であるといわれています。どのような形にも変形でき、探知が難しいことなどから、テロ向きと考えられているようです。以前は、チェコスロバキアで開発された、セムテックスというプラスチック爆弾がよく用いられたといいます。セムテックスは軍事用の他に、ビルの破壊などの商業目的でも使われていましたが、少量でも大規模な爆破がで

●セムテックス

き、入手が容易なことからテログループによる利用が拡大していきました。

１９８８年12月21日にパンアメリカン航空の１０３便が爆破され、乗員乗客２５９人と巻き添えになった住民11人が犠牲になったテロは、セムテックスによって起こされたといいます。

その後、国際的な圧力を受けて、現在では、爆弾を探知機で容易に発見できるように、ニトログリコールを配合し、チェコ国内で利用する分だけが生産されています。

SECTION 35

液体爆弾

テロリストは爆発させる手段や爆薬を問いません。テロで使われる爆薬の中でプラスチック爆弾と同様に有名なのが液体爆弾です。液体爆弾は名前の通り、液体の爆薬を用いた爆弾のことをいいます。それでは液体の爆薬とは一体何でしょうか。

液体爆弾の特徴

ダイナマイトの原料である爆薬のニトログリセリンは融点14℃、比重1・6の液体です。トルエンにニトロ基が1個だけ付いたニトロトルエンには3種類の異性体があります。よく知られたオルトニトロトルエンは融点マイナス9℃、比重1・2の液体です。また、ベンゼンにニトロ基の付いたニトロベンゼンも融点6℃、比重1・2の液体です。ですからこれらの液体爆薬を適当に混ぜて爆弾にしたものが液体爆弾と思われるでしょうが、一般的に液体爆弾というのは、詳しい説明はできませんが、ある種の液体を混ぜ合わせてできる液体の爆弾のことをいいます。爆発させるためには信管が必要ですが、携帯電話などのフラッシュで代用できるので、まさしくテロリストのために用意された爆薬ということがいえるでしょう。

　航空機への液体持込みが規制される以前は、機内へ液体の持ち込みが可能でした。そのため、実際に航空機の爆破に液体爆弾が使われた事件がありました。１９８７年11月29日に起きた大韓航空機８５８便の爆破

●ニトロ基の付いている物質

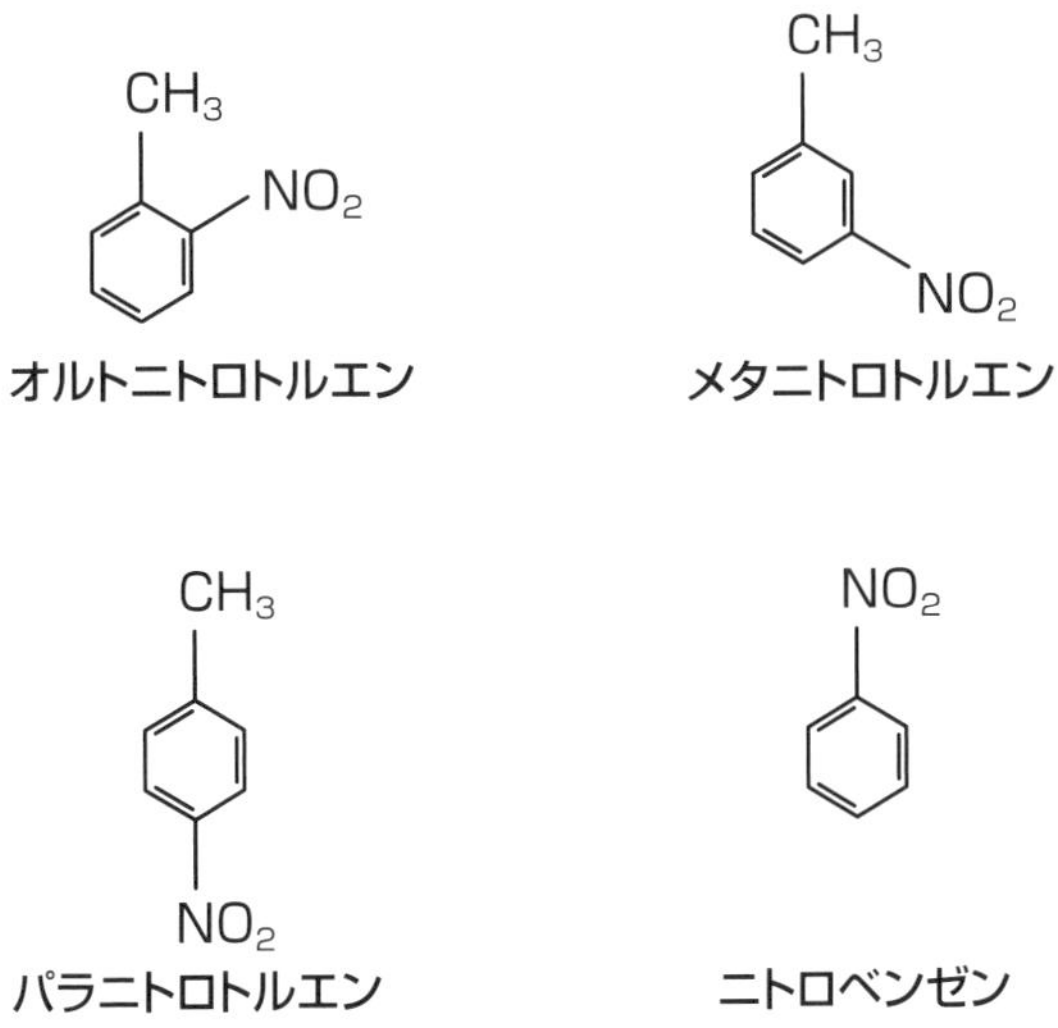

事件では、乗員乗客115人が犠牲になりました。この事件では酒瓶に入れた液体爆弾が使われましたが、これが液体爆弾によるテロの最初の例とされています。また、2006年のロンドン旅客機爆破テロ未遂事件でも用いられています。

テロリストの新型爆薬

最近、テロリストグループが、まったく新しいタイプの液体爆弾を開発したとの情報があります。その爆弾は溶液で、テロリストが自分の衣服をこの溶液に浸します。その後、乾かして繊維の中に爆薬をしみこませた形で着て自爆テロを行うというものです。爆発させる際には、携帯電話の中などに隠しもった起爆装置、もしくはフラッシュなどの機器を使用するのではないかとみられています。

このようにされると、現在の空港セキュリティチェックでは検出不可能とのことです。新たなる自爆テロの脅威として、波紋をよんでいます。

Chapter. 7
原子核の爆発

SECTION 36

原子と原子核について

爆発の中で最強の威力を誇るのが原子核を用いた核爆弾です。核爆弾を知るためには、まず原子や原子核についての基礎知識が必要になります。

原子の構造

原子は、これまでの実験結果から球形の雲のようなものと考えられています。これは電子(記号e)からできた電子雲といわれているもので、この電子雲の中心にある小さな球が原子核です。

原子核は原子よりさらに小さく、その直径は、原子の直径の1万分の1です。これは原子核の直径を1㎝とすると、原子の直径は1万㎝、すなわち100mであることを意味します。つまり、原子を東京ドーム2個を張り合わせたドラ焼きのような球とすると、原子核はピッチャーマウンドに転がるビー玉のようなことになります。

原子核の構造

このようにとても小さな原子核ですが、原子の質量(重量)の99・9％以上はこの原子核にあります。つまり、原子の本質は原子核にあるのです。しかし、爆発も含めてすべての化学反応は、電子雲が引き起こしたものなのです。

原子核を詳しくみてみると、2種類の粒子からできていることがわかります。陽子(記号p)と中性子(記号n)です。陽子と中性子は質量は同じですが、電荷が

●原子核の構造

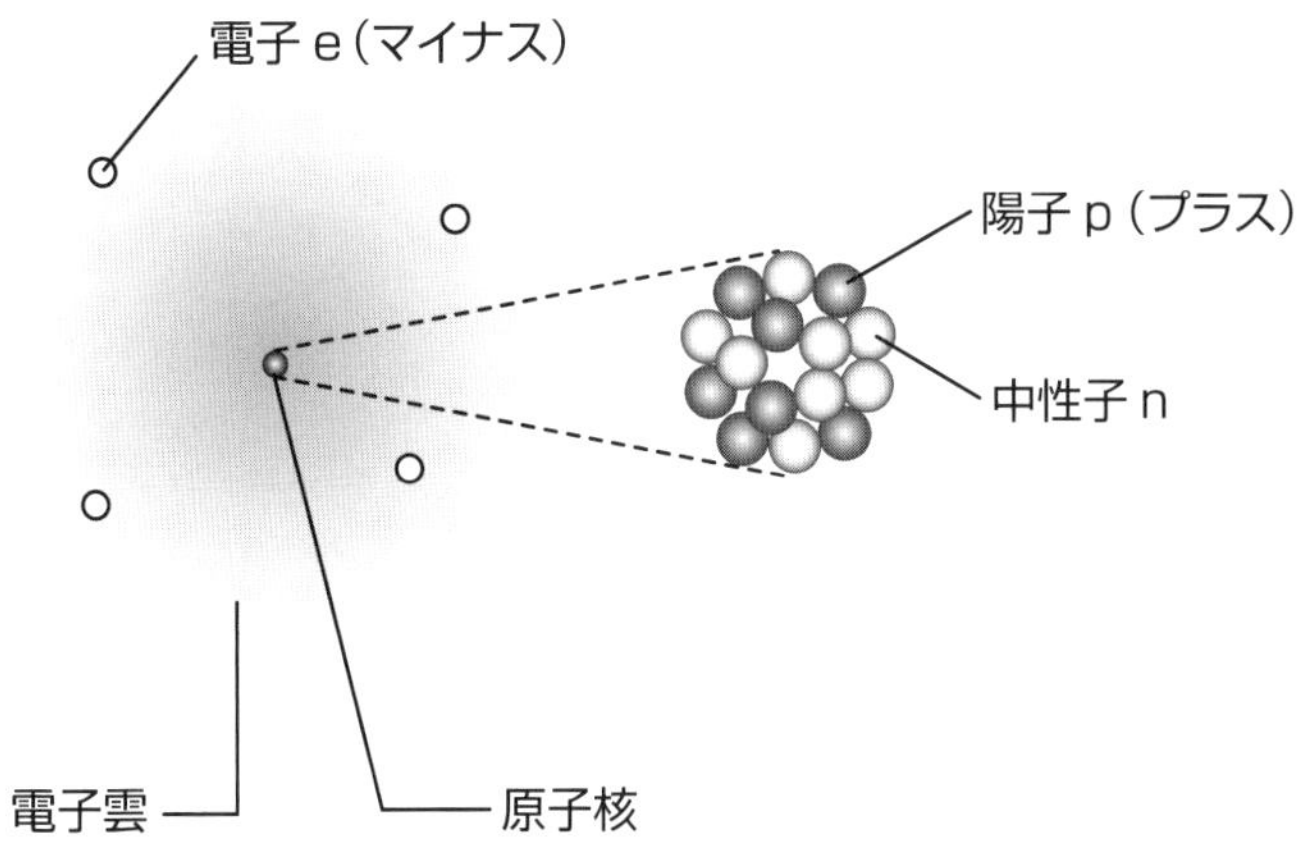

異なります。すなわち陽子は＋１の電荷を持ちますが、中性子は電荷を持たず中性です。

原子番号と質量数

原子を構成する陽子の個数を原子番号（記号Z）、陽子の個数と中性子の個数の和を質量数（記号A）といいます。原子番号は元素記号の左下、質量数は元素記号の左上に小さい添え字で書く約束になっています。また、電子の電荷は－１であり、原子は原子番号と同じ個数の電子を持ちます。したがって、原子は全体として電気的に中性になります。

原子の性質、反応性は電子雲によって決まるので、原子番号の同じ原子は質量数に関係なく、化学的にまったく同じ性質を持ちます。このように、原子番号の同じ原子の集

●原子番号と質量数

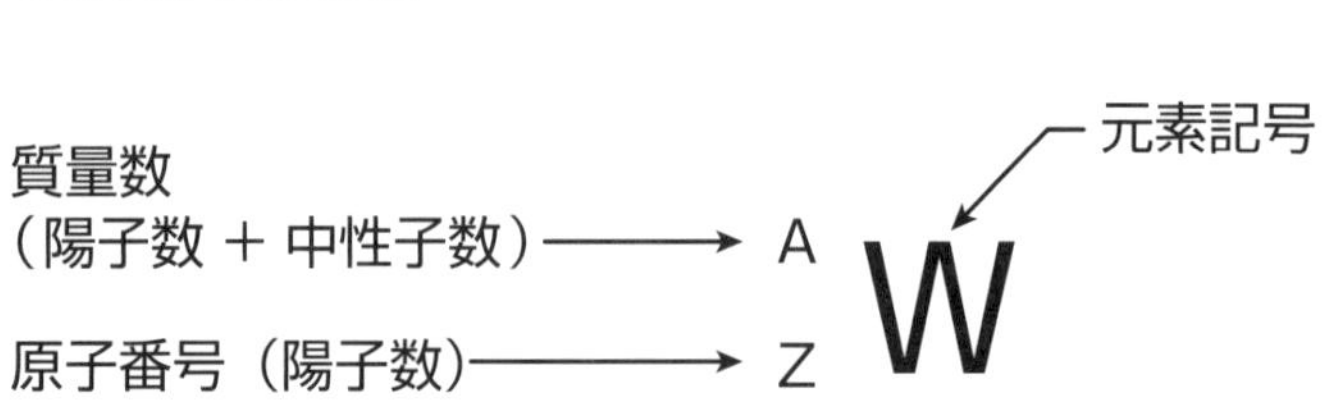

団を元素といいます。地球上の自然界に存在する元素は、原子番号1の水素Hから92のウランUまでのおよそ90種類あります。

同位体

一方、原子番号が同じで質量数の異なる原子を互いに同位体といいます。したがって、同位体は互いにまったく同じ化学的性質を持ちます。同位体の種類は何百種類にもなります。

水素Hには、質量数1の普通の水素^{1}Hの他に、^{2}Hと^{3}Hが存在しますが、その99・9%は^{1}Hです。また、原子炉の燃料として知られるウランには、^{235}Uと^{238}Uがありますが、燃料になるのは^{235}Uだけです。しかも天然ウランに占める^{235}Uの割合はわずか0・7%に過ぎません。同位体は電子数が同じなので、化学的な性質もまったく同じで区別することは不可能です。しかし、原子核の性質としては、まったく異なります。その例の1つが^{235}Uと^{238}Uの違いです。^{235}Uは原子核反応を利用する原子炉の燃料となりますが、^{238}Uは燃料になりません。

SECTION 37

原子核は変化する

すべての物質と同様に、原子核も固有のエネルギーを持っています。高エネルギー原子核が低エネルギー原子核に変化するときには、その差のエネルギーが外部に放出されます。

原子核のエネルギー

左図は、原子核のエネルギーと質量数の関係を表したもので、質量数60程度が最も低エネルギーで、それより大きくても小さくても高エネルギーになることがわかります。ウラン(質量数235程度)のような大きな原子核を壊して小さな原子核にすればそのエネルギー差ΔEが放出されることになります。このエネルギーを核分裂エネルギーといい、原子爆弾や原子力発電のエネルギー源になっています。一方、水素(質量数1)のような小さい原子核を融合して大きな原子核にしても⊿Eが放出されます。これを核融合エネルギーといい、水素爆弾や太陽など恒星のエネルギー源となっています。

原子核反応

原子核の反応を原子核反応といいます。原子核反応には核分裂や核融合もありますが、もっと一般的なものに原子核崩壊という反応があります。これは日常的に起こっている反応であり、私たちの体内でも起こっています。もちろん地球上でも地中でも起こっており、とくに地中

●原子核のエネルギーと質量数の関係

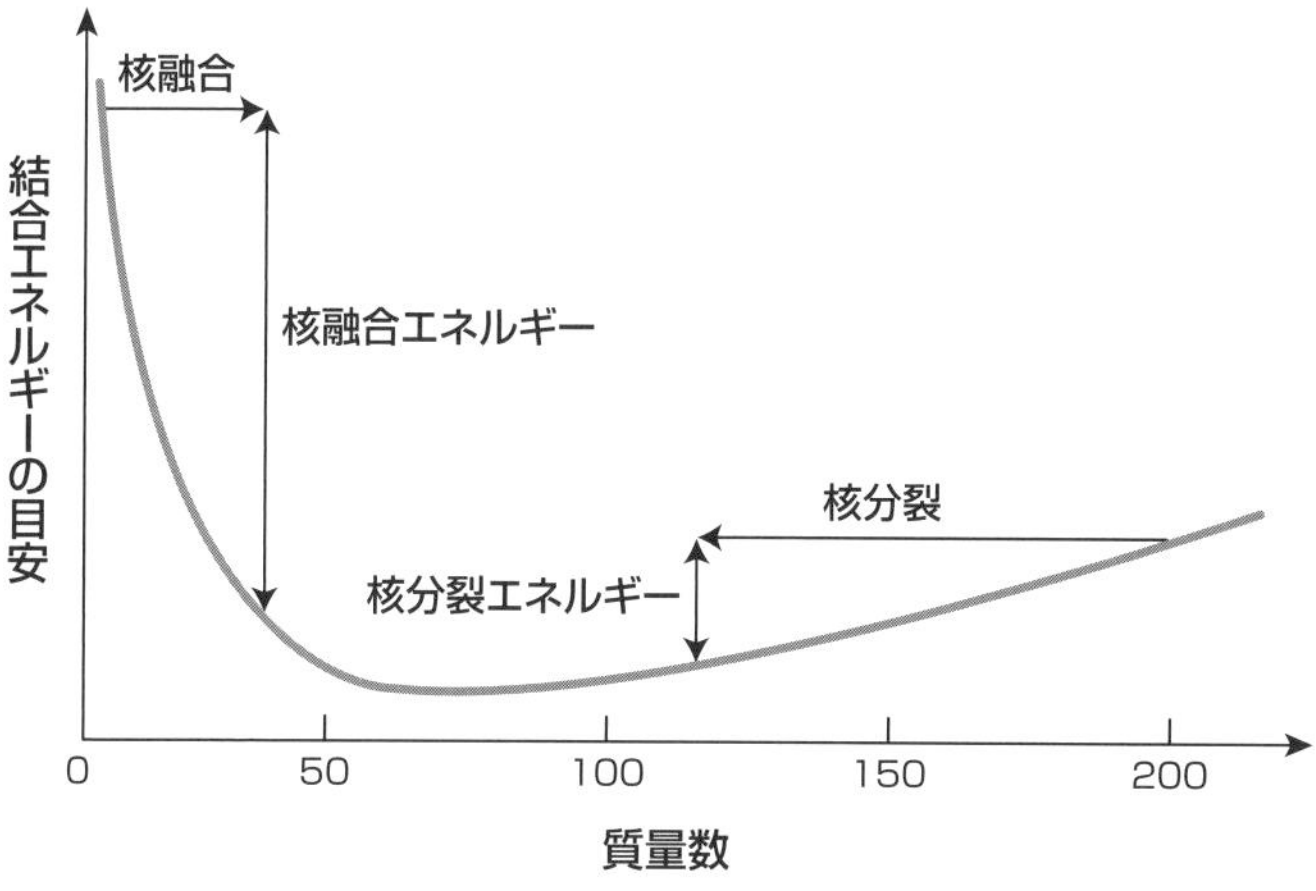

の原子核崩壊はその膨大なエネルギーで地中の岩石を融かしています。地球の中心が6000℃ともいわれるほど高温なのは、この原子核崩壊のおかげなのです。

原子核崩壊と放射線

崩壊反応を起こす原子核が放射性原子核であり、崩壊反応によって放射線が放出されるのです。代表的な崩壊反応は4種類あります。

① α崩壊

α線（高速で飛行するヘリウムHe原子核）を出して崩壊する反応。α線は殺傷力が強いですが、簡単にアルミ箔で遮蔽されます。

② β崩壊

β線（高速で飛行する電子）を出して崩壊する反応。β線を遮蔽するには、厚さ数㎜のアルミ板が必要です。

③ γ崩壊

γ線を出して崩壊する反応です。γ線はX線と同じ電磁波であり、紫外線を強力、高エネルギーにしたものと考えればいいでしょう。γ線を遮蔽するには厚さ10㎝以上の鉛板が必要といわれます。

④ 中性子線崩壊

高速で飛行する中性子を放出する崩壊です。中性子線は、放射線の中で最も恐ろしいものです。中性子は電荷も磁性も持っていないので、他の物体に遮られることがほとんどありません。鉛板なら厚さ1ｍは必要といわれます。しかし、水では効果的に遮蔽されます。使用済み核燃料をプールで保管するのは、冷却と中性子線遮蔽の両方の意味があるのです。

このように、放射線は怖いものですが、私たちの体内には炭素の同位体^{14}Cやカリウムの同位体^{40}Kが存在し、β線を出し続けています。また、放射線の中にはガン治療など、医療に貢献しているものもあります。

SECTION 38

核分裂反応と原子爆弾・原子炉

原子核反応の中で最も有名なのは核分裂反応です。核分裂反応とは原子核が分裂して核分裂生成物と核分裂エネルギーを放出する反応です。核分裂反応こそ原子爆弾の爆発力であり、原子力発電のエネルギー源なのです。

核分裂反応

核分裂の中でよく知られているのは、中性子の衝突がきっかけになるものです。た

●枝分かれ連鎖反応

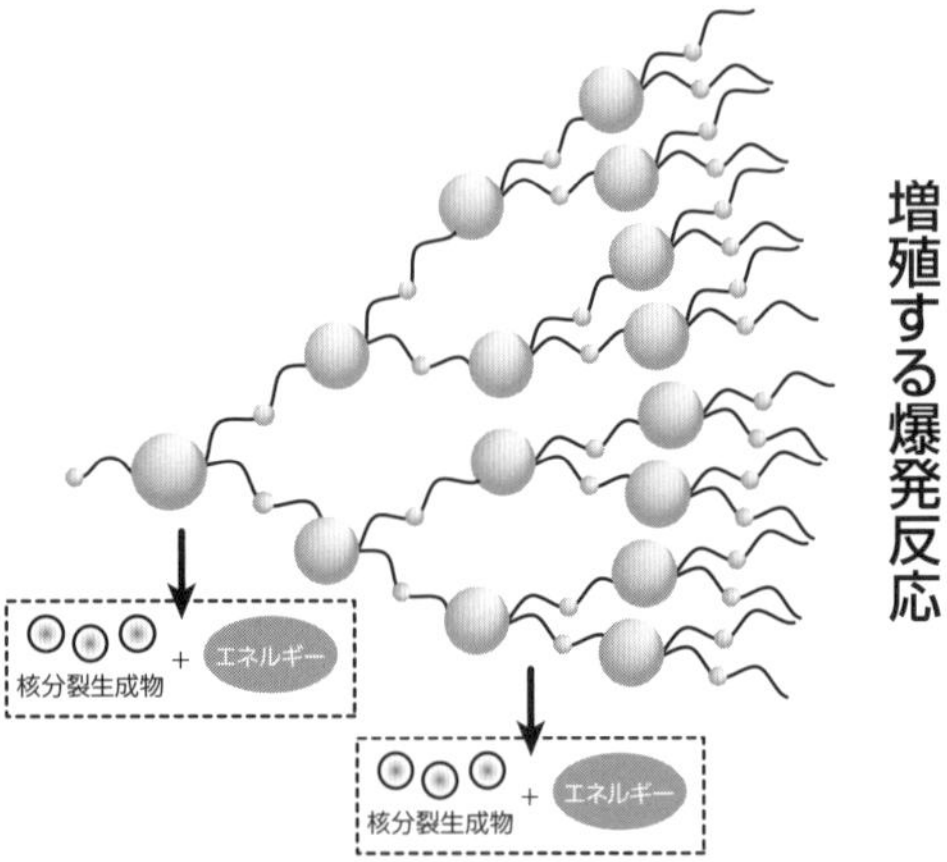

とえば^{235}U原子核に中性子nが衝突すると^{235}U原子核は分裂して核分裂生成物と核分裂エネルギーを放出します、それと同時に複数個(わかりやすく説明するために2個と例えます)の中性子を放出します。すると、それぞれの中性子がまた別の^{235}Uに衝突して、それぞれ2個ずつ、合計4個の中性子を放出します。反応は回数Nを重ねるごとに2^Nに拡大していきます(枝分かれ連鎖反応)。この結果、反応はとめどなく広がり、ついには爆発になります。これが原子爆弾なのです。

しかし、反応が拡大したのは、1回の反応で生じた中性子の個数が2個だったからです。もし1個だったら、反応は連鎖して継続しますが拡大はしません。このような反応を定常連鎖反応といいます。原子炉はこの状態なのです。中性子の個数を制御するには、余分な中性子を吸収して除いてやればいいことになります。この役割をする物質を中性子制御材といいます。まさに原子炉の命綱といえます。

●定常連鎖反応

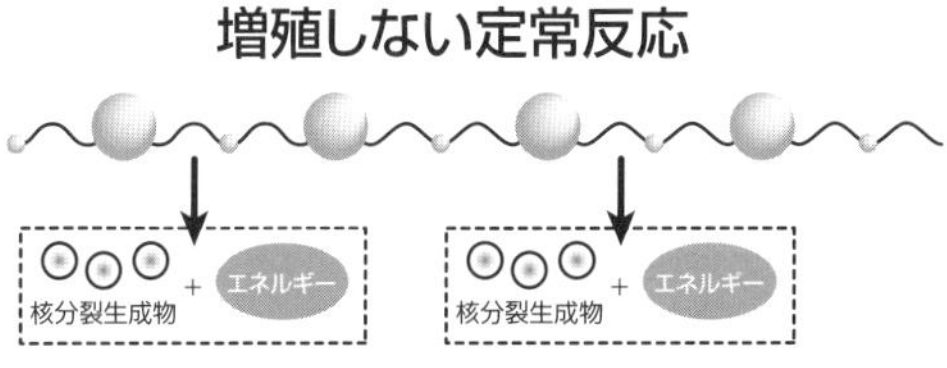

核分裂生成物

核分裂生成物とは、いわば原子核の砕け散った破片ですが、それぞれが小さな原子の原子核に相当します。核分裂生成物は大変に不安定で高エネルギーです。放射線を放出しながら崩壊を繰り返して安定な原子核に変化していきます。そのために要する時間の目安が半減期です。

半減期とは、最初の物質の量が半分になるのに要する時間のことをいいます。半減期1時間の物質100gがあったとすると、1時間後には50g、2時間後にはその半分の25g、3時間後にはそのまた半分の12・5gとなります。原子核の半減期は長いものなら宇宙の年齢138億年より長いものもあります。

●半減期

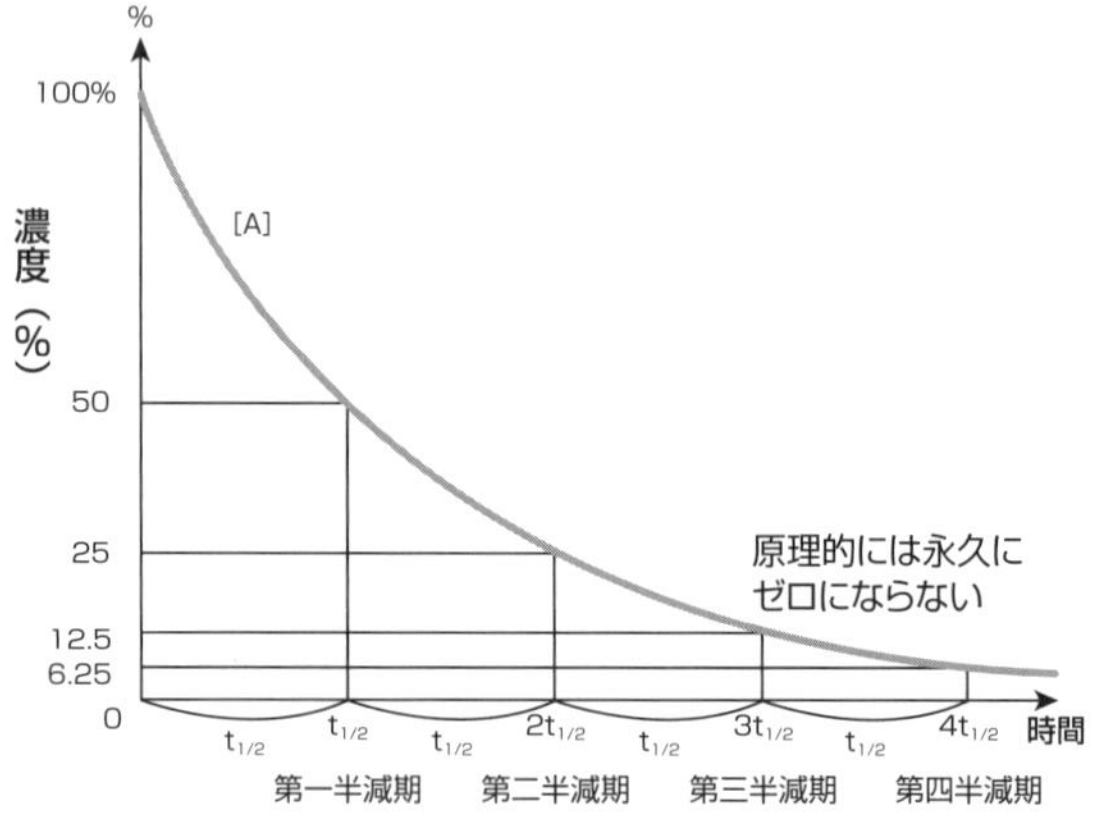

臨界量

核分裂を起こす物質には、臨界量といわれる超えてはならない量があります。中性子が核分裂を引き起こすためには、中性子が原子核そのものに衝突しなければなりません。

先の原子の構造で原子を東京ドーム2個分の大きさとしたら、原子核はピッチャーマウンドに転がるビー玉とたとえて説明しました。このビー玉に砂粒のような中性子が衝突する確率は非常に小さいです。それでも、物質(ウランの塊)は無数個といっていいほどの原子の集合体です。中性子はそれらの原子を渡り歩いているうちに、どこかの原子で原子核に衝突するでしょう。しかし、ウランの塊が小さいときには、中性子は衝突する前に塊から飛び出してしまいます。これでは衝突、核分裂は永久に起きません。しかし、塊が大きくなると、どこかの原子核で衝突、核分裂が起きます。

この衝突、核分裂が起きるための最小量を臨界量といいます。臨界量を超える^{235}Uは自発的に核分裂を起こし、爆発してしまいます。したがって臨界量は、決して超えてはいけない最後の一線なのです。

SECTION 39

原子爆弾の構造

通常の爆弾は鉄製の容器と爆薬からできています。原子爆弾も似たようなもので、ウランを爆発させるための仕掛けを持った容器と爆薬に相当するウランからできています。

ウラン濃縮

核分裂の例で、^{235}Uを用いたのには理由があります。天然のウランは2種類の同位体の、^{235}Uと^{238}Uを含んでいますが、核分裂を起こすのは、^{235}Uだけなのです。ところが天然ウランに含まれる^{235}Uは、わずか0・7%に過ぎません。99・3%は、分裂しない^{238}Uなのです。

そのため、^{235}Uの濃度を高める必要が出てきます。これを濃縮といいます。原子炉の燃料にするためには数%に濃縮すれば充分ですが、原子爆弾にするためには少なくとも70%には濃縮する必要があるといわれています。

濃縮には、ウランをフッ素と反応して気体の六フッ化ウランUF_6にし、それを何段階もの遠心分離に掛けて、重さの違うものに分離するのです。

ウランの比重は19あります。鉄の比重は8以下です。この分離して不要になった^{238}Uで銃弾を作ったら運動量が大きくなり、戦車の装甲版をも貫徹するほどの威力になります。^{238}Uは、一般に劣化ウランといいます。劣化ウラン弾といわれるのがこの^{238}Uで、作られた弾丸なのです。

プルトニウムの製造

原子爆弾で核火薬として用いる物質には、ウランの他にプルトニウム239（^{239}Pu）があります。^{239}Puは^{238}Uを原子炉に入れて、中性子を吸収させて作りますが、普通の核燃料には90%以上の^{238}Uが含まれているので、原子炉を稼働すれば黙っていても^{239}Puが生成することになります。

したがって核分裂の終わった使用済み核燃料を化学的に処理(再処理)すれば、^{239}Puが手に入るのです。

原子爆弾には、核爆薬の違いによって2種類あります。1つは^{235}Uを用いるウラン型で、広島に投下された銃身型です。もう1つは人工元素である^{239}Puを用いるもので、長崎に投下された爆縮型でした。

①銃身型の構造

下図の構造は、一般に銃身型といわれます。原理通りの簡単な構造で、図のように臨界量の半分量の核物質を離して設置し、その後に化学爆薬を置いて、これを爆発させるのです。ウランの塊は合体して臨界量になります。

●銃身型の構造

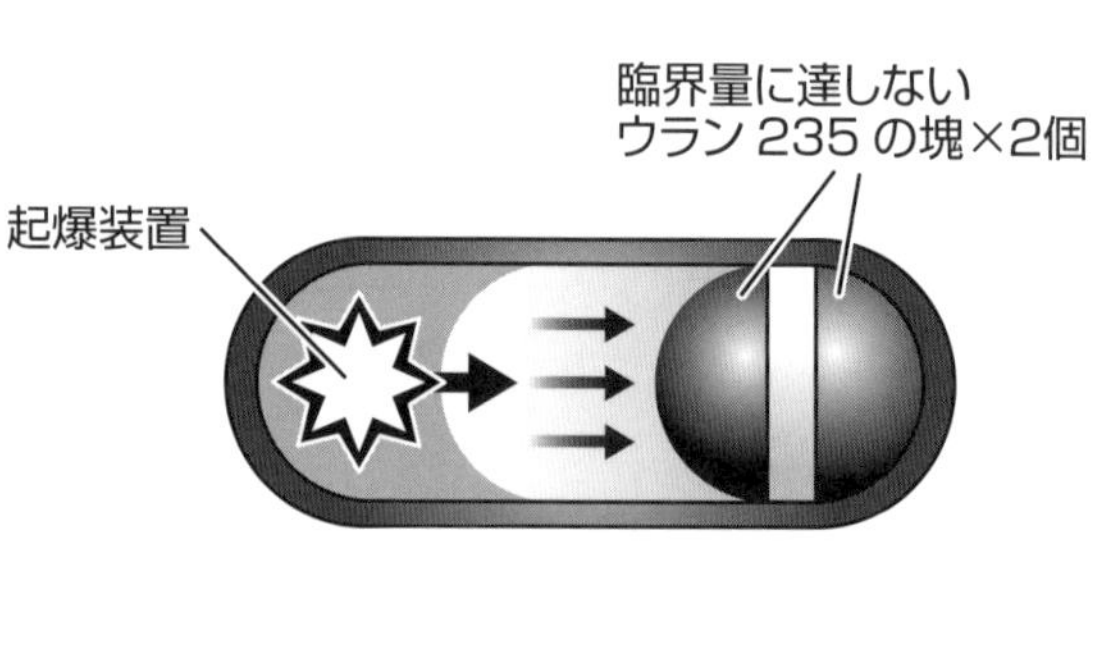

しかし、この構造はプルトニウムに使うことができず、しかも小型化することが困難でした。

② 爆縮型の構造

下図の構造は、一般に爆縮型といわれます。構造はかなり複雑で数学の天才といわれたフォン・ノイマンのグループでも計算に10カ月かかったといわれます。

これは分離させて置いた核物質を球形に固めてしまう方法です。プルトニウムに対応できるため、現代の原子爆弾はすべてこの方式といわれています。

臨界量は放射性元素によって異なります。^{235}Uの臨界量は金属で22・8kgですが^{239}Pu

●爆縮型の構造

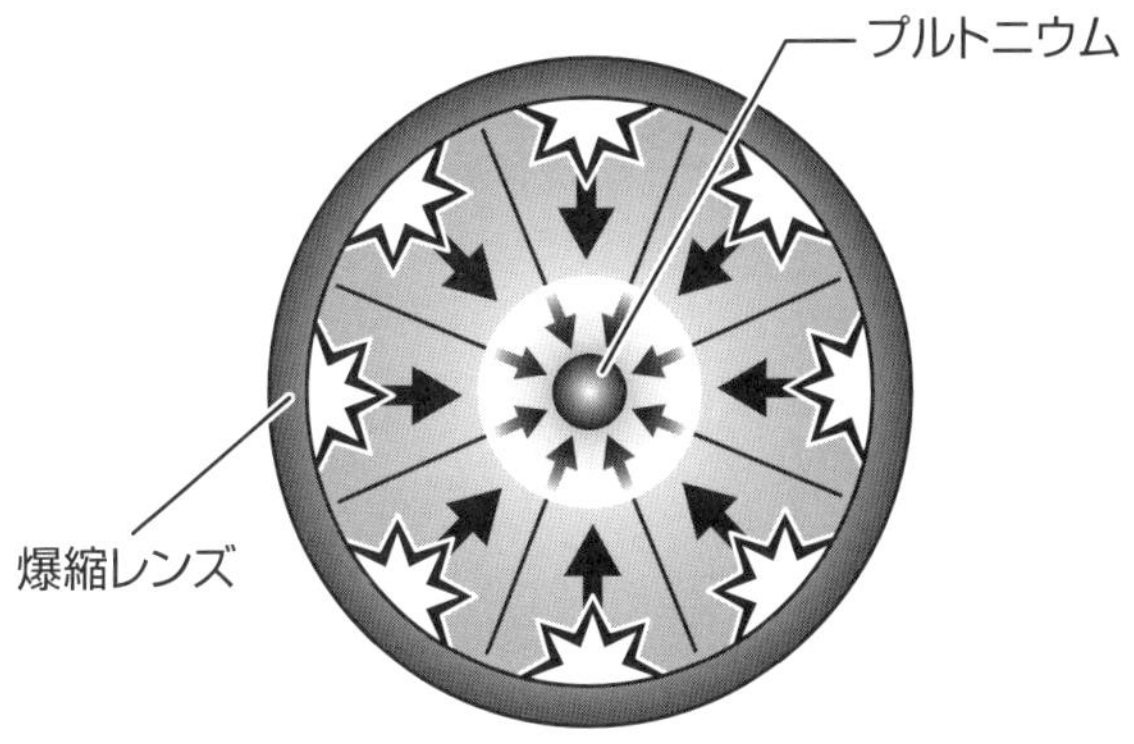

は5・6kgとずっと小さいです。これは原子爆弾にする場合、プルトニウムの方が小型で扱い易い爆弾を作ることができることを意味します。そのため、現代の原子爆弾にはプルトニウムが使われています。

また、水（中性子減速材）があると中性子の反応性は上がります。そのため、ウランやプルトニウムは金属状態より、化合物にして溶液状態にした方が臨界量は小さくなります。つまり溶液状態における臨界量は^{235}Uの820gに対し、^{239}Puは510gとなります。つまり重量1kgのボストンバッグに入る大きさの原爆も可能なのです。

SECTION 40

核融合反応と水素爆弾

水素爆弾は実際に作られ、何回も爆発実験が行われました。水素爆弾の最初の実験はアメリカによって1952年に行われました。

実際の水素爆弾

この爆弾は冷却機によって液体にした水素を原子爆弾の熱で核融合するというものでした。そのため装置は大型化し、総重量が65トンにもなったそうです。飛行機で敵国に運ぶなどということは不可能でした。それでも出力は10・4メガトンでしたから、原子爆弾とは比較にならない爆発力です。その後、ソビエトが水素とリチウム(Li)を反応して作った水素化リチウム(LiH)を用いる方法を開発しました。これによって、水素爆弾は一挙に小型化され、飛行機で運搬可能な大きさになりました。

水素爆弾の実験

水素爆弾が開発された当時は、アメリカと旧ソビエト連邦(ソ連)がしのぎを削る東西冷戦の時代でした。両国は大出力で小型化の水素爆弾の開発で競争を行いました。1954年、日本のマグロ漁船、第五福竜丸が被害に遭ったビキニ環礁での水素爆弾実験は、このような時期に行われたものでした。

結局、水素爆弾の競争は1961年にソ連の作ったツァーリボンベ(ツァーリはロシア皇帝の意味)で終結しました。爆発力は50メガトン(5000万トン)で、第二次世界大戦で世界中が使った火薬の総量の10倍になります。爆発による衝撃波が地球を3周したといいます。この爆弾の重さは約27トンもありましたが、特別に改造した爆撃機で運び、シベリアの上空で爆発させたといいます。当時のソ連の指導部の執念が感じられます。

昔の水素爆弾は、起爆剤に原子爆弾を用いました。原子爆弾は、高い放射能を持つ放射性物質を大量に飛散させ、環境を汚します。そのため、このような水素爆弾は一般に「汚い水爆」といわれています。それに対して、現在は、原爆で起爆するのではなく、レーザーで起爆するものなどが考えられています。これは放射性物質を出さないので「きれいな水爆」といわれていますが、まだ実現はしていないようです。

水素爆弾の原理

水素爆弾は、その名前の通り、水素原子を核融合させてその核融合エネルギーを爆弾に使う兵器です（式①）。原子核の分裂を利用した原子爆弾は強力な兵器ですが、核分裂連鎖反応の進行時間と温度上昇による飛散（爆発）までの時間との問題などから、核爆発物質をどんなに増やしても、広島・長崎の原子爆弾（TNT火薬換算で2万トン程度）の約10倍の爆発エネルギーをもつ原子爆弾が限界だといわれています。

それに対して、核融合反応は起こす物質を追加すれば、より大きな爆弾を作れるといわれています。しかし、普通

●水素の反応

$$ {}_{1}\mathrm{H} + {}_{1}\mathrm{H} \longrightarrow {}_{2}\mathrm{He} \qquad (式①)$$

$$ {}^{1}_{1}\mathrm{H} + {}^{1}_{1}\mathrm{H} \longrightarrow {}^{2}_{2}\mathrm{He} \qquad (式②)$$

$$ {}^{2}_{1}\mathrm{H} + {}^{3}_{1}\mathrm{H} \longrightarrow {}^{4}_{2}\mathrm{He} + {}^{1}_{0}\mathrm{n} \qquad (式③)$$

の水素すなわち質量数1の^{1}Hを使ったのでは反応が起こりにくく、実用的でありません（式②）。そこで質量数2の^{2}Hと3の^{3}Hを使います。この反応では生成物としてヘリウム原子核（He）の他に中性子nが生じます（式③）。

●水素爆弾の構造

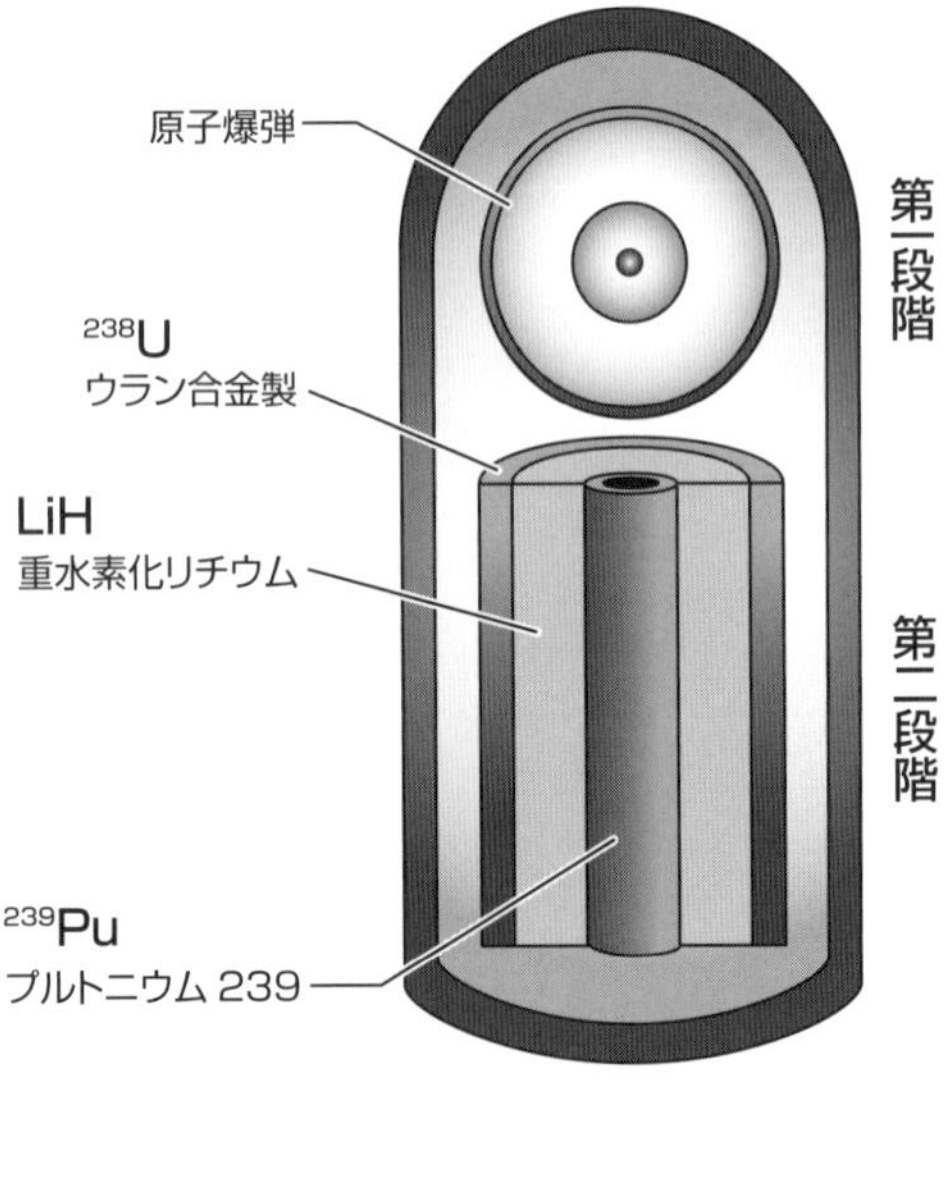

Chapter. 8
爆薬によらない爆発

SECTION 41

粉塵爆発

2015年6月27日、台湾新北市にあるウォーターパーク八仙水上楽園で、屋外イベント「カラープレイアジア」が行われていました。これはインドなどで盛んな宗教、ヒンドゥー教の春祭りである、ホーリー祭にちなんで企画されたものでした。「カラープレイ」の名前にあやかるように、祭りはカラフルに行われました。そのクライマックスに行われたのが、カラーパウダー（色粉）の噴射でした。赤、青、黄色などに彩られた粉が会場全域に噴射され参加者は、歓喜しました。

ところが、瞬時のうちにその歓喜の狂気は悲鳴の狂気に変わりました。なんと、会場全体が爆発に包まれたのです。爆発したのは会場の1カ所だけではなく、いたるところで爆発したのです。イベント参加者のほとんど全員が爆発の被害に遭いました。

爆発の原因

事故を調査したところ、「粉塵爆発」といわれる爆発の一種であることが明らかになりました。「粉塵」とは、一般にゴミや埃といわれる細かいチリのことで、ゴミに限らず、微小な粒子すべてを表す言葉です。すなわち、今回のイベントで、雰囲気を盛り上げるために会場に噴射したカラーパウダーが粉塵だったのです。しかも、このカラーパウダーはコーンスターチ(トウモロコシのデンプンの粉末)に着色したものでした。焼きイモが焦げて燃えることからわかるように、デンプンは、火をつければ燃えます。デンプンが爆発したのは、それが粉塵になっていたからなのです。このように、可燃性のものからなる粉末が爆発するのを粉塵爆発といいます。

粉塵爆発

粉塵爆発は、急激な燃焼そのものです。粉塵爆発の原因物質は「爆発物」ではありません。ただの「可燃物」です。問題は、その可燃物が粉末になっているということです。

粉末は表面積が大きいので、空気（酸素）に触れる面積が大きく、酸素を取り入れやすいので、よく燃える性質があります。このような粉末がたくさん浮遊しているところに火がつくと、燃焼が急激に広がります。これが爆発の正体だったのです。

粉塵爆発は、いたるところで起こる可能性があります。よく知られている粉塵爆発として次のようなものがあります。

①石炭粉……石炭粉が発生する炭鉱で起こる（炭塵爆発）
②小麦粉……小麦粉が舞い散る作業所で起こる
③砂糖……砂糖の微粉末が舞い散る作業所で起こる
④穀物粉……トウモロコシなどを貯蔵するサイロで起こる
⑤金属粉……マグネシウムやアルミニウムなどの掘削屑が存在する作業所で起こる
⑥木粉……木の大量の粉塵が舞い散る作業所で起こる

●粉塵爆発

爆発の条件

粉塵爆発は、可燃物の粉末が浮遊する空間ならどこでも起こる可能性があります。しかし、粉塵爆発が起こるには次の条件があります。

❶ 濃度が薄ければ、燃焼は広がらず爆発にならない

❷ 反対に濃度が濃ければ、酸素の供給が追い付かず急激な燃焼(爆発)にならない

粉塵爆発が起こるためには、粉末の濃度が高くても、低くてもダメなのです。ちょうどいい濃度であることが重要なのです。台湾の爆発は、カラーパウダーが、このちょうどいい濃度に達した時点に、タバコや静電気などの火が着火して起こった不幸な事故だったのでしょう。

このような事故は、いつ私たちの身の周りで起こらないとも限りません。爆発は特別な現象ではありません。

SECTION 42

水蒸気爆発

2014年に長野県の御嶽山で起こった水蒸気爆発は、記憶に新しいところです。また、1888年に起こった福島県の磐梯山の水蒸気爆発では、山体崩壊とともに岩屑なだれが発生して多くの被害を出しました。それとともに、長瀬川とその支流がせき止められ、桧原湖、五色沼など大小さまざまな湖沼が形成されました。

蒸発と沸騰

テーブルにこぼした水滴は、やがて乾いてなく

●御嶽山

なります。このように液体が気体になることを「蒸発」といいます。蒸発した液体は気体となり、自分自身の圧力(気圧)を持ちます。これを気体の「蒸気圧」といいます。

空気の圧力が1気圧であるということは、空気を構成する窒素や酸素の蒸気圧の和が1気圧であるということです。液体が蒸発しているとき、その液体表面の蒸気圧が大気圧と等しくなった状態を「沸騰」、このときの温度を「沸点」といいます。

水の沸点は、気圧によって変化します。普通の状態なら気圧は、1気圧なので沸点は100℃ですが、高い山に行けば気圧は、低くなり沸点も低くなります。ちなみに、富士山の頂上では、沸点は87℃になります。反対に圧力鍋の内部など気圧が高くなるところは、沸点は100℃以上になります。沸騰状態では、蒸発が液体表面からだけ起こるのではなく、液体内部からも起こります。これがグラグラと煮え立っている状態なのです。

●沸騰状態

突沸

条件が揃うと、水は沸点になっても沸騰しないことがあります。これを「過熱状態」といいます。この状態の水に振動を加えたりすると、突然激しい沸騰が起こり爆発状態となります。これを「突沸《とっぷつ》」といいます。

電子レンジで水溶液などを加熱しすぎると起こることがあり、手に持ったときの振動で、突沸が起きて火傷をする危険性があります。

水蒸気爆発

液体の水は、100℃になると沸騰して気体の水蒸気になります。100℃1モルの水の体積は、約18ミリリットルですが、100℃1モルの水蒸気の体積は、約30.6リットルと水の体積の1700倍です。この水が水蒸気となって爆発する現象を水蒸気爆発といいます。これには、次の2種類があります。

① 界面接触型

水の中に融けた金属のような熱い物質が落ちると、その周囲に薄い水蒸気の膜ができます。この膜はやがて破壊されますが、そのときに衝撃波が発生して爆発します。

重大な事故につながるのは、原子炉です。原子炉では、ウラン燃料は燃料被覆管に詰められていますが、この被覆管の原料であるジルコニウム合金は、１４００℃で溶融します。これが冷却水の中に落下すると水蒸気爆発を起こします。２０１１年の福島での原子炉事故では、これが起こったものと考えられています。

② 全体反応型

密閉された空間内の水が熱により急激に気化・膨張すると、密閉していた物質が一気に破砕されて飛散し、爆発します。

典型的な例は火山です。地殻内の密閉した空間に地下水が溜まっていた場合、そこへマグマが貫入すると一気に大量の水蒸気が発生して、水蒸気爆発が起こります。もちろん、地下水を覆っていた岩石も吹き飛ぶことになります。

SECTION 43

落雷と空気爆発

雷は静電気のスパークです。雲の中で、上昇気流によって上昇する氷の粒と引力で下降する氷の粒が激しくぶつかりあい、その摩擦によって静電気が生じ雷が発生するのです。

落雷

1回の落雷は、およそ電圧が数百万～2億ボルト、電流1000～20万アンペアといわれます。しかし、

●落雷

通電時間が極めて短いので電力量としてはそれほどでもありません。

空気は電気を通しにくいので、雷は空中の少しでも電気を通しやすいところを縫うようにして進むので、あの雷特有の曲がりくねった光が観測されることになります。

雷の通路（光）の周囲の空気温度は、3万℃近くに達するといいます。太陽表面温度の5倍近い温度です。このため、空気は急激に膨張し、衝撃波を作り出します。これが、雷の音の原因になります。つまり、雷は電気スパークによって起こった空気の爆発なのです。

落雷からの避難

地球上では、毎秒約100回、毎日約860万回もの落雷が起こっています。この落雷によって、日本では年平均で約20人、世界では約1000人が直接被害に遭い、その約30％が死亡しているといわれます。落雷から身を守るにはどうしたらいいのでしょうか。

木や避雷針は雷を誘導し、他の場所に落ちるのを防止してくれます。しかし、雷がこれらに落ちたときには強い衝撃波が発生し、近くにいたら衝撃波で飛ばされます。それだけではなく、木からはみ出すように伝わる電流(側撃)で感電する恐れもあるので大変危険です。したがって、木や避雷針からは、3～4m程度は離れていたほうが安全でしょう。

また、自動車、飛行機などのように電気の良導体でできた乗り物の中に入るのも安全です。家の中にいるのもいいですが、もし家に落雷したときには電気は壁や電線を通って地面に逃げます。したがって、壁やコンセントの近くや電灯の直下などは避けた方が賢明でしょう。

雷の利用

落雷は高電圧で大電流が流れる激しい現象ですが、通電時間が短いため、発生する電力量は、10キロワット時から500キロワット時にすぎません。1軒の家が2日から100日程度で消費する電力量です。仮に、日本で起こる落雷のエネルギーを全部集めても、全国の消費電力の千分の一にしかならないという試算があります。しかも、雷は、分散して発生します。これを集めるためには、日本中のあらゆるところに避雷針を建てる必要がありますので、雷での発電は、現実的ではないようです。

しかし、中国では雷を使った発電が真剣に検討されているといいます。それは雷が落ちて来るのを待っているのではなく、積極的に集めに行くのです。つまり、雷が発生しそうなところへ行き、スチールワイヤーのついたロケットを打ち込んで、雷を発生させワイヤーで誘導した雷のエネルギーを地上で収集するという構想です。

ロケットの制作費や打ち上げ費用が必要になるので、コスト的に実現するかは、難しいところです。

このような人為的な利用ではありませんが、雷は農業で役に立っているという説もあります。それは、雷の空中放電によって空気中の窒素N_2がイオン化されて雨に混じって地上に落ち、農作物にとって大切な窒素肥料になるというのです。雷の光を稲妻(稲のおくさん)というのは、そのような意味だといいます。

SECTION 44

生物関係の爆発

行き場に迷ったクジラが小湾や港にまぎれこむことがあります。早く出て行ってくれれば良いのですが、最悪の場合、港内で死んでしまいます。こうなっては一大事です。爆発の恐れがでてきます。

クジラの爆発

死んだクジラは腐敗します。しかし、脂肪層を含めた皮部分の厚さが30㎝に達するほど厚くて丈夫なので、内部の内蔵

●クジラ

から腐敗が進み、皮は元のままです。そのため腐敗に伴う腐敗ガスが体内に充満します。これでは風船に気体を入れ過ぎた場合と同じです。いつか爆発します。その結果は腐敗物が辺り一面に撒き散らされます。港としては大変な迷惑ですが、早急に処理を施す必要があります。

専門家がいれば、腐敗物まみれになるのを覚悟して処理してくれるかもしれませんが、誰もいなければ、遠い砂浜に持って行って、埋めて監視ということになりそうです。

昆虫の爆発

昆虫の中には、群れを守るために自分を犠牲にする利他的行動として爆発するものがいます。

①アリ

例えば東南アジアに生息するジバクアリは、巣を侵入者から守るために自発的に爆発することができます。ジバクアリの働きアリは、一般的なものより大きく、毒で満たされた下顎腺が全身に伸びています。

侵入者との戦闘が不利になると、このアリは腹部を猛烈に収縮させて破裂し、全方位に毒液をばらまいて敵を退散させるのです。

②ミイデラゴミムシ

ミイデラゴミムシ必殺の武器は高温の毒ガスです。敵に捕まると、尻の先から突然100℃以上にもなる毒ガスを吹き付けて敵を撃退します。

この毒ガスのもとになっているのは、体内に蓄えられているハイドロキノンと過酸化水素で、噴射直前にこの化学物質が混じり合って反応し、「ブーッ」という爆発音とともに勢いよく噴射されます。

このガスの噴射システムは、現代科学が最近になって作り上げたロケットの発射方法と同じです。アメリカの航空宇宙局（NASA）の研究者が、こん

●ミイデラゴミムシ

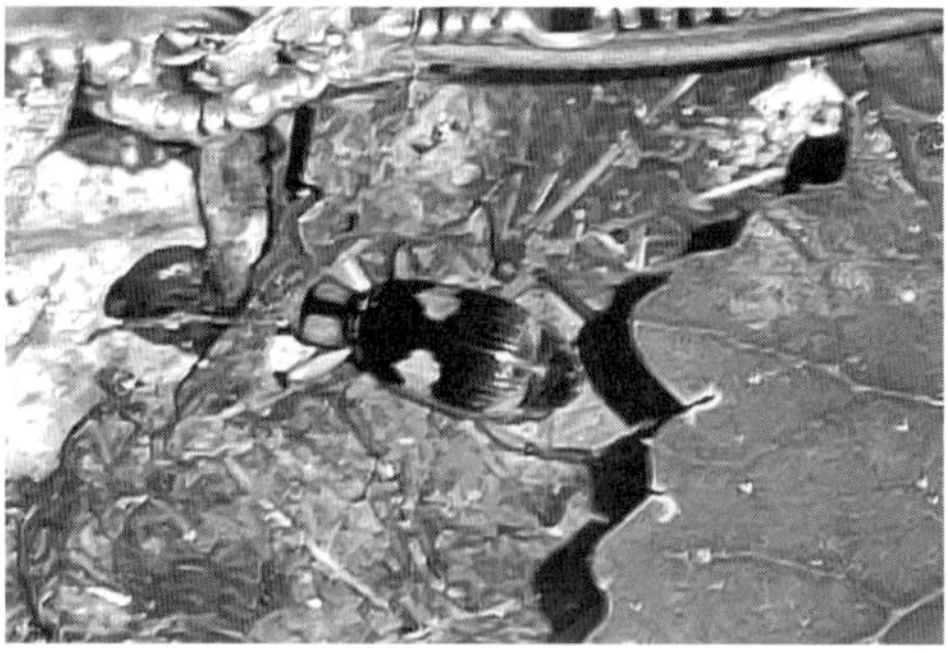

な昆虫がいることを早くから知っていたら、もっと早く宇宙にロケットを飛ばすことができたかもしれません。

微生物による爆発

微生物はどこにでもいます。エサになるものさえあればたちまち増殖して、エサを食べ廃棄物を出します。エタノール発酵をする酵母のように、人間の役に立つ廃棄物を出してくれるといいのですが、そうとばかりもかぎりません。

2013年に中国浙江省温州楽清市の郊外で、公衆トイレが突然爆発し、使用中の女性が火傷を負ったという事故がありました。原因は微生物でした。トイレが汲み取り式だったため、溜まった糞尿にメタン菌が発生し、メタンガス(CH_4)を発生したのです。

メタンガスは都市ガスの主成分で可燃性・爆発性です。このガスに漏電の火花が火をつけたのが原因でした。メタン菌の食物は生ゴミ類だったら何でもOKです。生ゴミ置き場も密閉したり、ため込んだりすると爆発物に変貌する可能性があります。

オナラの爆発

オナラは食物を腸内細菌が分解するときに出るガスで、その構成は、メタンや二酸化炭素の他に、硫化水素、スカトール、水素など、全部でなんと400種類もの成分が含まれています。メタンや硫化水素、水素は燃料にもなる成分ですから、オナラに火をつければ燃えます。それだけでなく、爆発した事例もあります。

1978年、デンマークである青年が腹腔手術を受けていました。このとき執刀医が使っていたのは電気メスで電熱によって止血しながら切開するメスです。すると突然、青年の腸内に溜まっていたガスに電熱が引火してお腹のなかで爆発しました。気の毒ですが、青年は死亡してしまいました。

ただ、これらの危険な事故はすべて医療現場での出来事で、腹腔内に溜まっていたガスにそのまま引火した例です。言い換えれば、一度肛門の外に出てしまったオナラは、爆発はしないということです。なぜなら一瞬に空気中に拡散してしまうため、可燃性ガスの濃度が低くなって燃焼の威力が弱まるからです。

索引

ま行

や行

ら行

は行

■著者紹介

齋藤《さいとう》　勝裕《かつひろ》

名古屋工業大学名誉教授、愛知学院大学客員教授。大学に入学以来50年、化学一筋できた超まじめ人間。専門は有機化学から物理化学にわたり、研究テーマは「有機不安定中間体」、「環状付加反応」、「有機光化学」、「有機金属化合物」、「有機電気化学」、「超分子化学」、「有機超伝導体」、「有機半導体」、「有機EL」、「有機色素増感太陽電池」と、気は多い。量子化学から生命化学まで、化学の全領域にわたる。著書に、「SUPERサイエンス 五感を騙す錯覚の科学」「SUPERサイエンス 糞尿をめぐるエネルギー革命」「SUPERサイエンス 縄文時代驚異の科学」「SUPERサイエンス 「電気」という物理現象の不思議な科学」「SUPERサイエンス 「腐る」というすごい科学」「SUPERサイエンス 人類が生み出した「単位」という不思議な世界」「SUPERサイエンス 「水」という物質の不思議な科学」「SUPERサイエンス 大失敗から生まれたすごい科学」「SUPERサイエンス 知られざる温泉の秘密」「SUPERサイエンス 量子化学の世界」「SUPERサイエンス 日本刀の驚くべき技術」「SUPERサイエンス ニセ科学の栄光と挫折」「SUPERサイエンス セラミックス驚異の世界」「SUPERサイエンス 鮮度を保つ漁業の科学」「SUPERサイエンス 人類を脅かす新型コロナウイルス」「SUPERサイエンス 身近に潜む食卓の危険物」「SUPERサイエンス 人類を救う農業の科学」「SUPERサイエンス 貴金属の知られざる科学」「SUPERサイエンス 知られざる金属の不思議」「SUPERサイエンス レアメタル・レアアースの驚くべき能力」「SUPERサイエンス 世界を変える電池の科学」「SUPERサイエンス 意外と知らないお酒の科学」「SUPERサイエンス プラスチック知られざる世界」「SUPERサイエンス 人類が手に入れた地球のエネルギー」「SUPERサイエンス 分子集合体の科学」「SUPERサイエンス 分子マシン驚異の世界」「SUPERサイエンス 火災と消防の科学」「SUPERサイエンス 戦争と平和のテクノロジー」「SUPERサイエンス 「毒」と「薬」の不思議な関係」「SUPERサイエンス 身近に潜む危ない化学反応」「SUPERサイエンス 爆発の仕組みを化学する」「SUPERサイエンス 脳を惑わす薬物とくすり」「サイエンスミステリー 亜澄錬太郎の事件簿1　創られたデータ」「サイエンスミステリー 亜澄錬太郎の事件簿2　殺意の卒業旅行」「サイエンスミステリー 亜澄錬太郎の事件簿3　忘れ得ぬ想い」「サイエンスミステリー 亜澄錬太郎の事件簿4　美貌の行方」「サイエンスミステリー 亜澄錬太郎の事件簿5［新潟編］　撤退の代償」「サイエンスミステリー 亜澄錬太郎の事件簿6［東海編］　捏造の連鎖」「サイエンスミステリー 亜澄錬太郎の事件簿7［東北編］ 呪縛の俳句」「サイエンスミステリー 亜澄錬太郎の事件簿8［九州編］ 偽りの才媛」（C&R研究所）がある。

編集担当：西方洋一 ／ カバーデザイン：秋田勘助（オフィス・エドモント）
写真：©vusal Mammadzada - stock.foto

改訂新版
SUPERサイエンス 爆発の仕組みを化学する

2024年4月19日　　初版発行

著　者　齋藤勝裕
発行者　池田武人
発行所　株式会社　シーアンドアール研究所
新潟県新潟市北区西名目所 4083-6（〒950-3122）
電話　025-259-4293　FAX　025-258-2801
印刷所　株式会社　ルナテック

ISBN978-4-86354-446-8 C0043